JN183358

絵でわかる 麹のひみつ

An Illustrated Guide to Secret of Koji

小泉武夫 著
Takeo Koizumi
おのみさ 絵・レシピ
Misa Ono

講談社

ブックデザイン　安田あたる

日本の麹菌（電子顕微鏡写真）

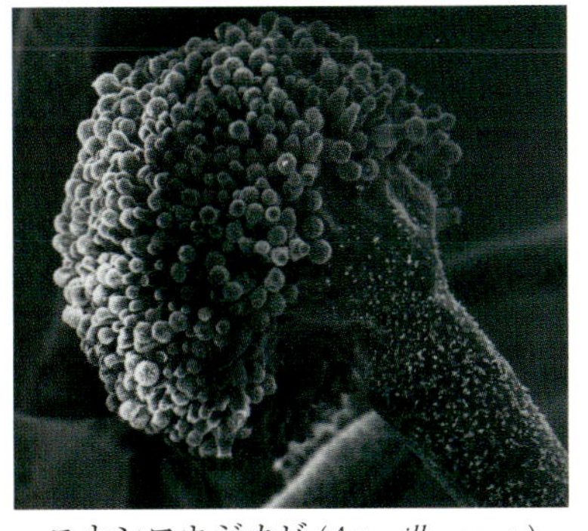

ニホンコウジカビ（*Aspergillus oryzae*）

カワチコウジカビ（*Aspergillus kawachii*）

さまざまな麹

米麹（焼酎用）

米麹（味噌用）

豆麹（乾燥）

麦麹（乾燥）

3種の麹菌による種麹と麹

製麹の際，麹菌を供給するために蒸米に加えるものが種麹で，蒸米に麹菌が生育したものが麹になります。

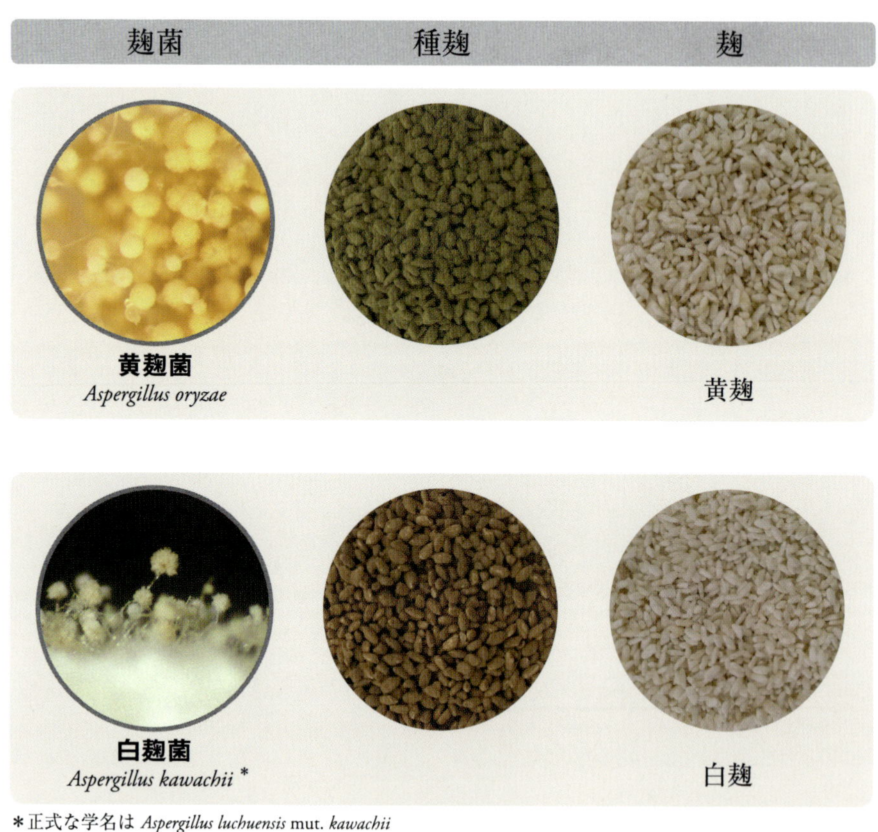

＊正式な学名は *Aspergillus luchuensis* mut. *kawachii*

日本の醤油５種

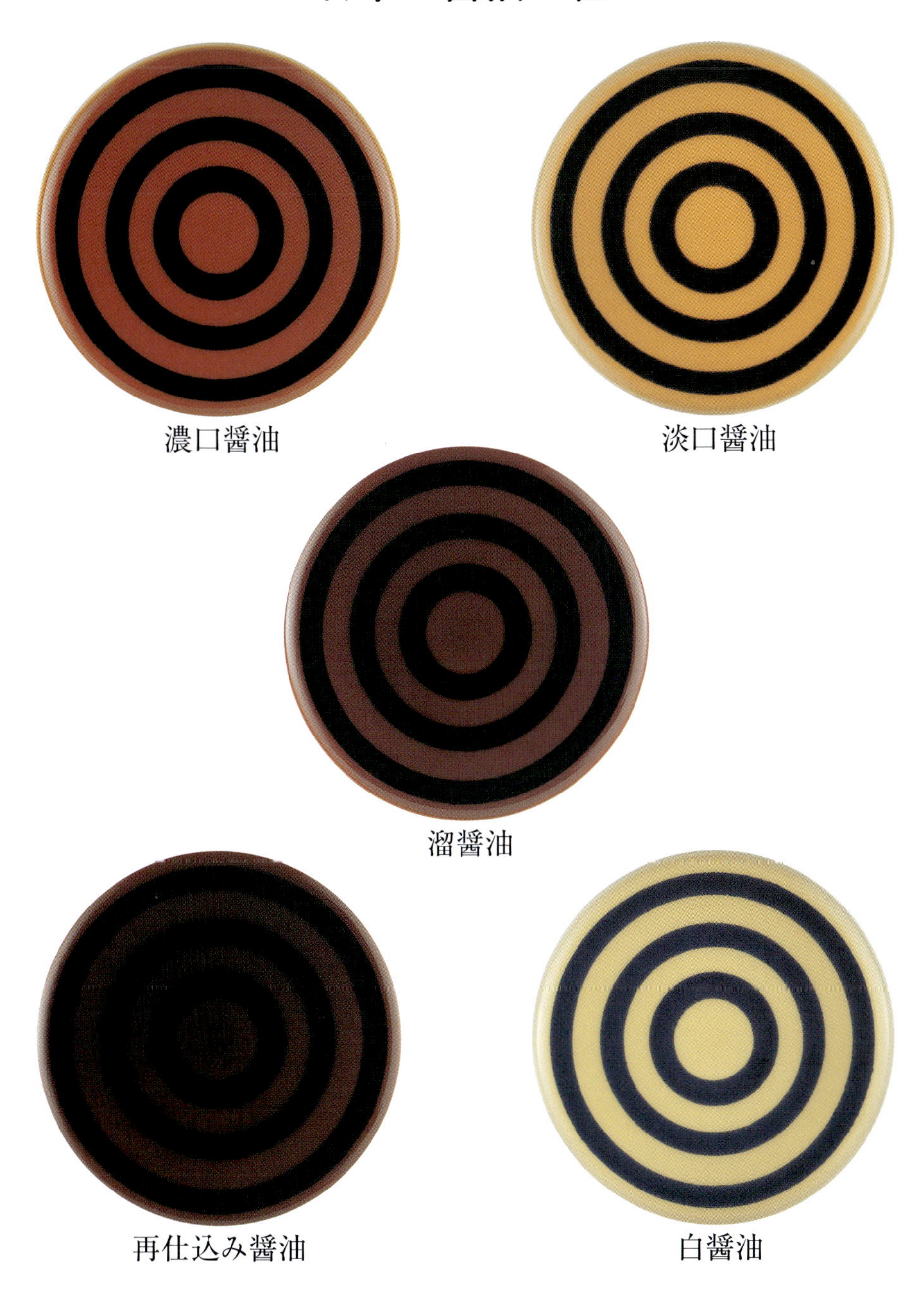
濃口醤油
淡口醤油
溜醤油
再仕込み醤油
白醤油

吟醸酒用米の精米

写真左から　玄米，飯用精白米（精白率約 90％），吟醸用球状精白米（精白率約 60％），吟醸用扁平精白米（精白率約 60％）
吟醸用の米は球形に近い形に削られています。扁平精白米は，球状精白米と等しい精白率でも，粗タンパク質濃度が低く，清酒原料精白米としてより適している可能性があります。

味醂の貯蔵期間と着色の度合い

しょっつるの発酵工程

新鮮なハタハタを食塩に漬け，樽に仕込みます（写真上）。発酵熟成（下左）し，熟成してドロドロの味噌状態になります（下右）。

豆腐よう

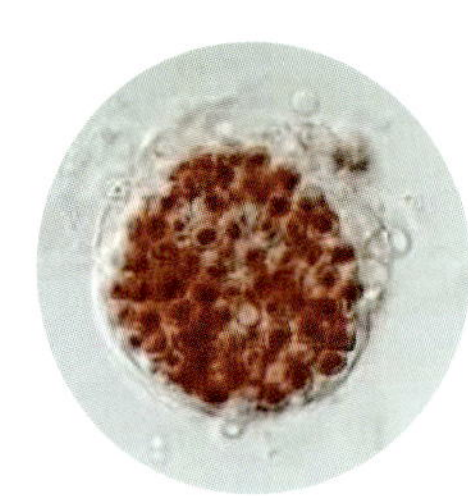

紅麹菌の子嚢胞子
胞子は紅色を呈し，紅麹内に赤色系の色素を生産し，「豆腐よう」をきれいな紅色に色づけます。

紅麹：紅麹菌（*Monascus* 属カビ）

黄麹（豆腐よう用）：黄麹菌（*Aspergillus oryzae*）

漬け込み中の豆腐よう

カマンベールやブルーチーズのように，カビを利用した発酵食品はヨーロッパにもあるが，穀物や豆類にカビを培養した麹を原料とする酒や調味料，発酵食品は東南アジアと東アジアの地域に限られている。

しかし，一口に麹といっても，日本の清酒，味噌，醤油などの醸造に使用される麹は，原料をひくことなく，原形のまま，あらかじめ加熱処理してカビをつけたもので，いわゆる「散麹（ばらこうじ）」と呼ばれるものがほとんどである。これに対し，ヒマラヤ地区から中国，朝鮮半島，東南アジア一帯では，生原料を粉にひき，これに水や草の汁を加え，練り固めたものにカビをつけた「餅麹（もちこうじ）」が主流を占めている。麹の形状も団子状・円板状・レンガ状とさまざまで，大きさにも大小ある。そのうえ，日本の麹は麹菌（ニホンコウジカビなど）なのだが，日本以外の国々の麹はクモノスカビでつくるというのがもっとも大きく異なることである。

このように日本は，地球上で唯一，麹菌文化を有する国なのである。そして，麹をつくり上げる麹菌は，日本代表の選ばれし菌「国菌」と位置づけられている，すばらしい菌なのである。

この日本における麹の歴史だが，これまた古く，日本のもっとも古い文書のひとつである奈良朝の『播磨国風土記（はりまのくにふどき）』に，「ある神社の大神の御粮（みかれい）が沾（ぬ）れて梅（かび）が生じたので，酒を醸さしむ」とある。さらに『記紀』には，米にカビが立って糸状菌が繁殖した状態を「加無太知（かむたち）」または「加牟多知（かむたち）」とある。これは麹の語源に符合し，「カビ立ち」の意味をもち，その「カビタチ」が「カムタチ」→「カムチ」→「カウチ」→「カウヂ」→「コウヂ（麹）」になったといわれている。とにかく，日本の酒造りに麹菌を利用したのは文字のなかった時代を除けば，奈良時代前期であろうといわれている。

このような歴史・文化が昔から日本には麹菌や麹があったからこそ，清酒，醤油，味噌，焼酎，味醂（みりん），漬物，甘酒，米酢などの日本独自の食文化が生まれ，育ち，現在がある。

つまりは「麹の存在なくして日本の食文化は語れない」ということだ。

先般，和食が国際教育科学文化機関（ユネスコ）の無形文化遺産に登録されたのも，この日本独自の食文化を支えてきた麹あるいは麹菌なしでは成し遂げられなかったといっても過言ではないだろう。いまこそ日本人が，世界に誇ることができる麹の周辺文化を知識することは，優秀な民族性を改めて自負することに絡がることであるから，一人でも多くの人に本書を読んでいただき，次の世代に「麹」というすばらしい伝統食文化を伝えることこそが現代に生きる私たちの使命ではないだろうか。

そこで本書は，この麹のよさを伝えるため，肩が凝らない，わかりやすくて親しみやすい企画として，私がこれまで発表したものをもとに数多くのイラストや写真，図表などを駆使して制作したものである。いつも手元において「麹」を気軽に知識してもらいたい。そして，麹料理研究家おのみささんのバリエーションに富んだ麹のレシピを実践することで，多くの皆様により「麹」を身近に感じ，親しんでもらいたい。

2015年2月

発酵学者　小泉武夫

絵でわかる麹のひみつ　**目次**

第3章 麹菌の酵素を利用した産業 103

第4章 麹は健康な体をつくる！ ～麹菌や麹製品の保健的機能性ほか～ 125

第1章 麹を知る

ふわふわっとした白い菌糸が蒸した米の表面を覆う麹。
「蒸した米に米の花を咲かせる」その様子を表現したものが，
国字（和製漢字）の「糀」。
日本人にとって「米」が特別な存在であったことをうかがわせます。
このような神秘的な「麹・糀」について紹介します。

1.1 「麹」って何だろう?

まず「麹」という字ですが，これは中国渡来の漢字です。日本には奈良時代前期に入ってきました。中国では麦で麹をつくることが多いので「麦」偏の字となりましたが，日本では蒸した米でつくることが多いので，日本人は江戸時代に「米」偏に「花」をつけた「糀」という国字をつくりました。たしかに蒸した米に麹菌（コウジカビ）がつくと，その胞子のために米に花が咲いたようになりますので，誠に絶妙な字を考え出したものです。その「麹」とは，米，麦，豆，麸，糠などを蒸して，これに食品の発酵に有用な微生物である麹菌を繁殖させたものです。日本を代表する伝統的嗜好物である清酒，醤油，味噌，焼酎，味醂，漬物，甘酒，米酢などは，この「麹」が原料となって醸されています（**口絵iiiページ，図1.1**）。

つまり，日本に昔から「麹」があったからこそ今日ある日本の食文化が特徴あるものとして育ってきたのです。「麹の存在なくして日本の食文化は語れない」といっても過言ではないでしょう。このようなカビ食文化は，アメリカやヨーロッパ，アフリカ大陸ではほとんどみられません。せいぜいあるとしても，カビを生やしたカマンベールチーズやブルーチーズぐらいです。その理由は，カビは乾燥地帯には発生しにくく，日本のような多湿地帯でよく生育するためです。このことは酒も同じで，日本を中心とした東アジアやメコン川流域に位置する東南アジアにカビを使う酒造りが発達したのは，カビが生きていくために必要な湿潤気候がもたらした自然の恵みであって，カビのない西ヨーロッパでは麦芽を使う酒造りが必然的に発生したのです。

この麹をつくるカビ，麹菌ですが，これは煮たり蒸したりした穀物によく生育します。例えば，米を蒸し，そこに「種麹（麹菌の胞子）」を撒いて，一定の温度（35℃付近）に保つと，48時間後には蒸した米の表面全体に菌糸をつくり，「米麹」ができます。この「米麹」を使って日本酒や焼酎を造ります。また，煮た大豆にも同じように「種麹」を撒いて保温すると，72時間後には「大豆麹」ができ，これが醤油や味噌の重要な原料となります。

このことからもやはり「麹」の役割は絶大で，「麹」がなければ，日本民族の酒もできなければ，味噌や醤油を使った日本の伝統的な料理もできないのです。

そしてこの「麹」ですが，日本以外のアジア諸国にもあります。東アジ

図1.1 麹からできる食品

アでは中国の「麯」，台湾の「粬」や「紅麹」，韓国の「麯子」，東南アジアではタイの「ルイパン」，フィリピンの「ブボット」，インドネシア・マレーシア・ベトナムの「ラギー」，ネパール・ブータン・チベットの「ムルチャ」などがあります。どれもすべて穀物にカビを生やしてつくった麹で，日本の麹とは形状がまったく異なっています。日本の麹は，米や麦，大豆といった穀物の一粒一粒に麹菌（コウジカビ）を繁殖させた「散麹」ですが，中国をはじめとするアジアの麹は，そのほとんどが穀物を一度粉砕してから練り固め，そこにクモノスカビを繁殖させた「餅麹」なのです（**写真1.1**）。

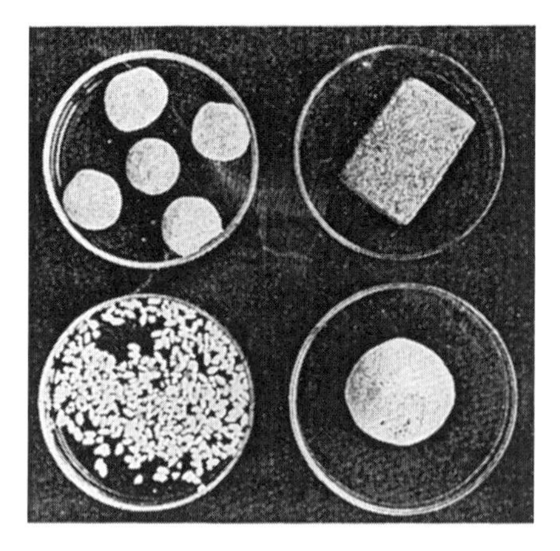

写真1.1　アジアの麹
中国の麯（右上），フィリピンのブボット（右下），インドネシアのラギー（左上）はいずれも餅麹で，日本の麹（左下）は散麹。明確な違いがみられます。

では，なぜアジアの麹文化圏のなかで日本の麹だけが唯一「散麹」なのでしょうか。これは大変興味深いことなのですが，この疑問については1.5節で説明します。

1.2 麹の役割

ところで，麹の役割（はたらき）とは何でしょう。それは，麹菌が穀物の上で繁殖のときに生産する酵素の役割そのものになります。酵素とは，きわめて不思議なもので，生命はもたないのに物を分解したり，合成したりする「物質」です。タンパク質（アミノ酸の集合体）でできていて，そのタンパク質が不思議な化学変化を行います。この酵素の知識は「麹」のことを解説するときに不可欠なので，その点について少し説明しましょう。

酵素とは，動物，植物，微生物など，あらゆる生命体をもつ生き物の生体内でつくられる物質で，タンパク質からできています。よく「酵素」と

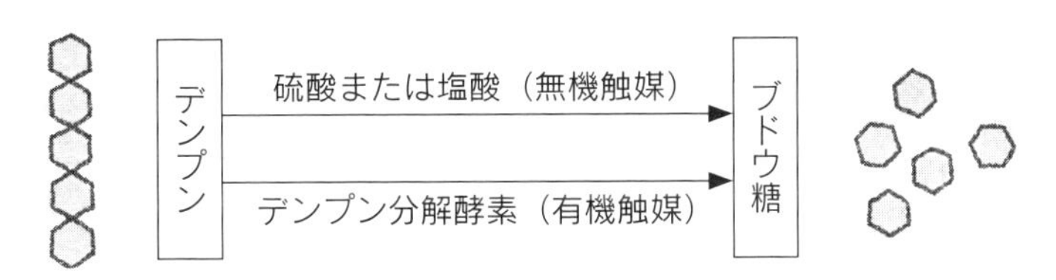

図1.2　糖化

「酵母」を混同してしまう人がいますが，「酵素」は生命をもたない高分子の無生物で，「酵母」はアルコール発酵などを行う生物です。よって「酵素」を難しく考える必要はまったくありません。「酵素とはタンパク質でできていて，いろいろな化合物を分解したり，合成したりすることを仲立ちする物質」なのです。そしてタンパク質とは，アミノ酸が数十，数百と結合した化合物で，それを構成するアミノ酸はアラニン，バリン，ロイシン，グルタミン酸，メチオニンなど二十数種に及びます。

このようにタンパク質とはアミノ酸の集合体のことです。このアミノ酸の配列（結合順序）によっては単なるタンパク質という化合物にとどまらず，ある有機化合物を分解したり，合成したりする，神秘性に富んだ能力をもったタンパク質になります。すなわち，それが「酵素」なのです。その「酵素」が化学反応を触媒するタンパク質であることは，次の例から説明することができます。

天然の高分子化合物のひとつであるデンプン（ブドウ糖が数十から数百個結合した化合物）を分解してブドウ糖を得るためには，デンプン溶液を硫酸や塩酸の存在下で加熱する必要があります。このときの硫酸または塩酸を触媒といいます。これをデンプン分解酵素（アミラーゼ）で分解する場合，この硫酸や塩酸の役割を果たすのが酵素です。そして，このデンプンを糖に変える化学反応を糖化といいます（**図1.2**）。酵素触媒は硫酸のような無機触媒に比べ，熱・光・酸・アルカリなどにとても弱い反面，分解の速度はきわめて迅速であるという特徴をもっています。

このように，人は麹菌に酵素をつくらせ，それを利用してつくられた「麹」を使って，さまざまな醸造や発酵食品をつくってきたわけです。

では次に，より麹を理解してもらえるよう，清酒と醤油・味噌の醸造における麹の役割とそのはたらきについて説明しましょう。

1.2.1 清酒における麹の役割

酒造りには昔から酒造りの基本を示す「一麹二酛三醪」という格言があります。これは「酒を造るには麹がもっとも需要」という教えです。麹が悪ければ，米は溶けず，粕は多く，アルコールも低い駄酒となってしまいます。それほどまでに酒造りに多大な影響力のある米麹の重要な役割を説明しましょう。

麹を使う目的はいくつかありますが，最大の役割は原料を溶解すると同時に米のデンプンを分解してブドウ糖にする「酵素の作用」です。アルコール発酵を行う酵母はデンプンのままでは発酵しないので，これをブドウ糖にする必要があります（デンプン分解酵素（糖化酵素）については前述参照）。また麹は，タンパク質分解酵素（プロテアーゼ）を含むので，原料米のタンパク質を分解し，アミノ酸やペプチド（アミノ酸が数個重なった重合体）に変え，清酒特有の旨味をつけます。

このタンパク質分解酵素であるプロテアーゼは，清酒のタンパク混濁（水に溶けにくいタンパク質の微粒子が清酒に現れて著しく商品価値を下げる）を防止するのにとても優れた効果があって，清酒の透きとおるようなあの照りのよさというのは，まさにプロテアーゼのなせる業なのです。また麹にはビタミンや無機物などの栄養素が微量に含まれているので，アルコール発酵を行う酵母に格好の栄養源を供給しています。このことは酵母を強健にする重要な役割を担っており，よい清酒が発酵されることにつながっています。

その一例として，麹菌が生産して米麹中に存在しているプロテオリピッド（脂質タンパク質）という化合物があります。これは清酒の醪中の高いアルコール濃度（15～20%）でも清酒酵母を強健にする（アルコール耐性を強くする）作用があるといわれています。

また，麹自体のもつ香味も酒質に与える役割は大きいです。例えば，麹をまったく使わずに酵素製剤だけで清酒を造ると，その酒は清酒本来の香りが乏しくなりますが，麹を使うと，麹のもっている香りが清酒に移行します。これは米麹中にあるアミノ酸由来の有機酸が醪において清酒酵母で発酵されるとき，清酒特有の香気を清酒に付与することなどによるためです。

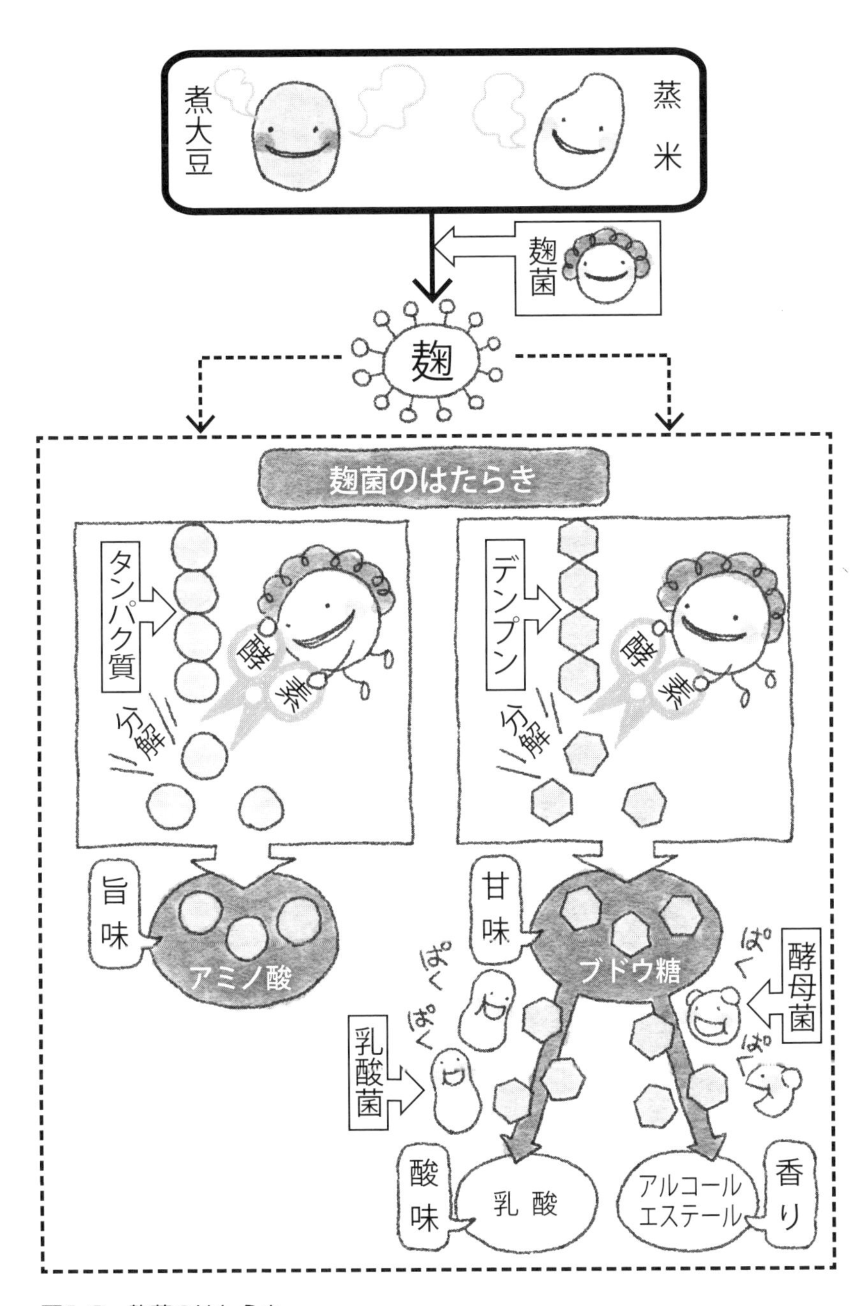
煮大豆
蒸米
麹菌
麹
麹菌のはたらき
タンパク質
酵素
分解
デンプン
酵素
分解
旨味
アミノ酸
甘味
ブドウ糖
ぱくぱく
乳酸菌
ぱくぱく
酵母菌
酸味
乳酸
アルコール
エステール
香り

図1.3 麹菌のはたらき

1.2.2 醤油と味噌における麹の役割

醤油と味噌の醸造における麹の役割は，多岐にわたっているうえに複雑です。そのなかでももっとも大きな役割は，麹菌の生産する酵素の一種であるタンパク質分解酵素（プロテアーゼ）の作用による，原料（大豆や小麦）中のタンパク質の分解になります。

この作用により生成した多量のアミノ酸やペプチドは，醤油や味噌に強い味をもたらし，原料のタンパク質の利用率を高める役割を担っています。そのうえ，生成されたアミノ酸は旨味のみならず，酵母や乳酸菌の作用を受けて，醤油や味噌に特有の香気をつけるもとになっています。

一方，醤油麹や味噌麹中のデンプン分解酵素は，小麦中のデンプンを分解し，ブドウ糖を生成させるので，甘味をつけるのと同時に，発酵や熟成に関与する微生物の炭素の供給源として重要です。もちろん，発酵中における耐塩性乳酸菌によって生成される乳酸も，このブドウ糖が前駆体となっています。

また，醤油麹や味噌麹に含まれる繊維分解酵素（セルラーゼおよびヘミセルラーゼ）やペクチン分解酵素（ペクチナーゼ）などは，プロテアーゼとともに活動し，大豆や小麦の植物組織を崩壊させる作用をもち，トランスアミナーゼやグルタミン酸脱水素酵素は，旨味の中心となるグルタミン酸の生成に一役かっています。さらに原料中にある油脂は，麹由来の油脂分解酵素リパーゼにより分解されます。

醤油や味噌特有の色は，主として糖とアミノ酸との反応（アミノカルボニル反応）によって生成されます。なかでも発色に強く関与する五炭糖（ペントース）は原料中のペントザンやヘミセルロースが麹の酵素によって分解されるときに生じるもので，醤油や味噌の着色の前駆体も麹が引き出す役割をもっています。さらに麹から溶出したビタミン類やミネラルなどの微量栄養素は，発酵中の酵母や乳酸菌の発酵に効果的な賦活剤となっています。

なお，醤油や味噌は味や香りがまろやかになるよう「熟成」という工程を経ますが，この熟成においても麹の役割はきわめて大きいです。

1.3 麹の正体

このような超能力をもっている「麹」をつくる「麹菌」とは，いったい，どのような生き物なのでしょうか。

「麹菌」は，通称「カビ」または「糸状菌」と呼ばれる微生物の仲間のひとつです。「カビ」というと何だか不潔で汚い生き物を想像する人も少なくないでしょう。しかし，カビにもいろいろな種類があって，食べ物を腐らせたり，病気を引き起こしたりする「悪玉カビ」もいれば，人間のためにとてもよいことをしてくれる「善玉カビ」もいるのです。「麹菌」は「善玉カビ」の代表で，清酒や焼酎，醤油，味噌，味醂，漬物，甘酒などのほか，さまざまな酵素製剤をつくってくれています。

図1.4に微生物の分類を示します。「微生物」とは，肉眼では観察できない微小な生物の総称をいい，さまざまな大きさや形状のものがあります。

微生物が含まれる生物界は図の上部に示すように変遷しており，微生物は今のところ，核膜やミトコンドリアの有無などにより，カビ，酵母，藻類，キノコ類などの菌界の真核微生物と，原核微生物である真正細菌（界）と古細菌（界）の３つに大きく分けられています。しかし，近年のゲノム

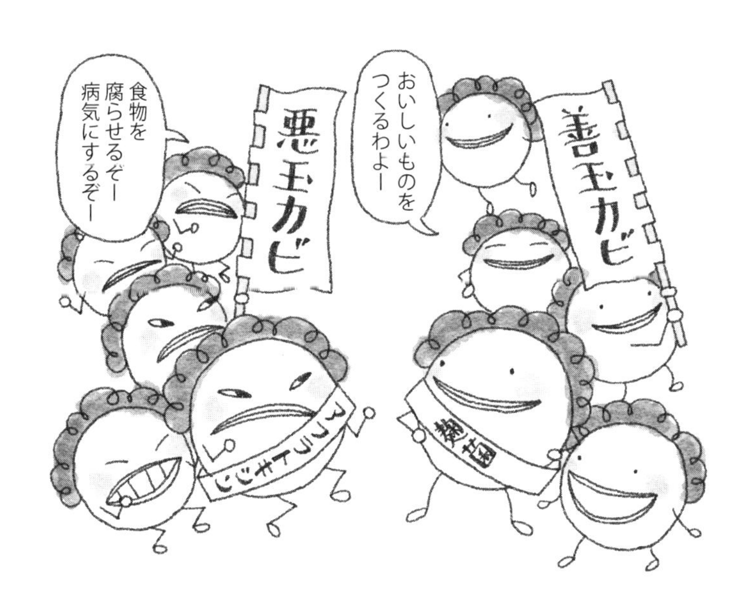

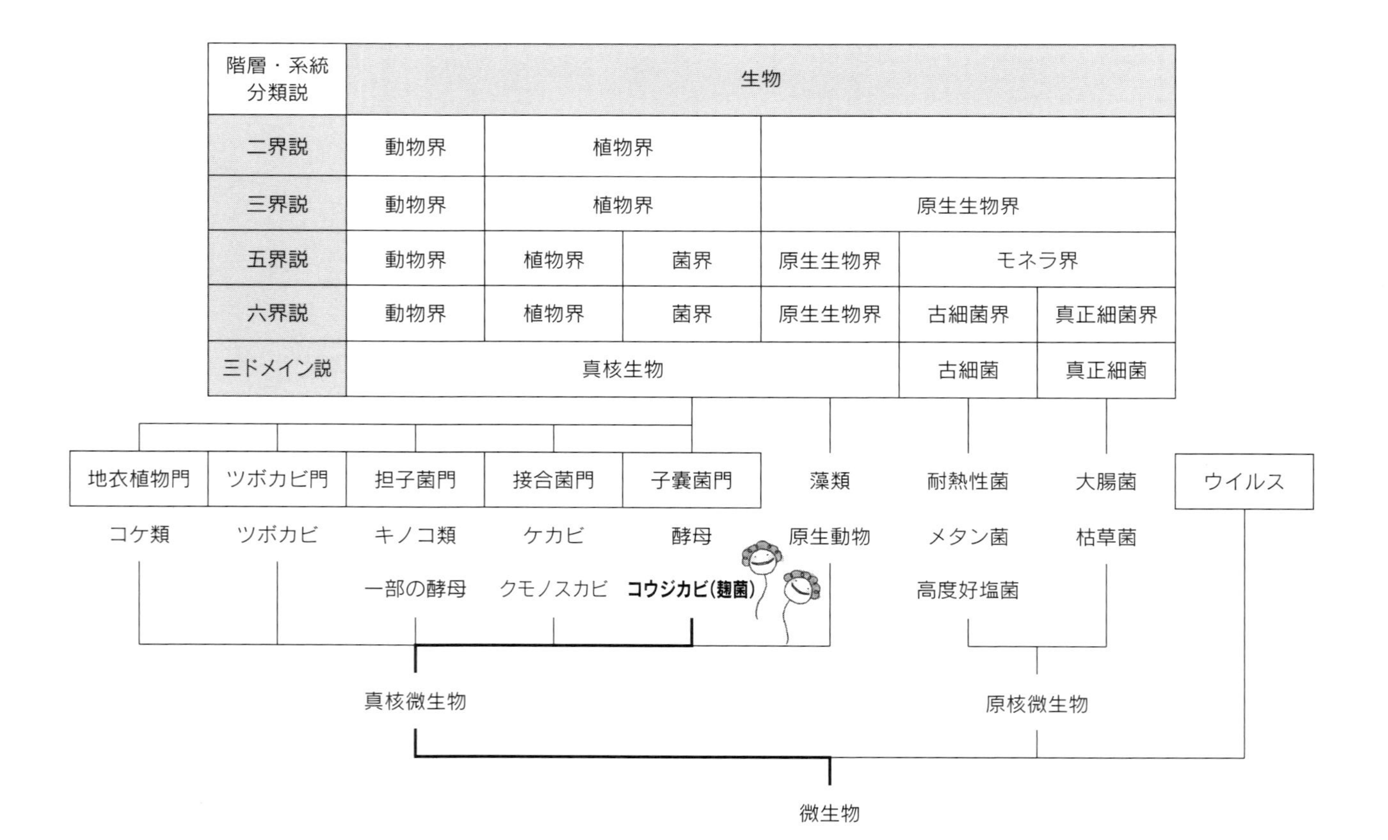

図1.4 生物系統分類説と微生物の分類と麹菌の位置

解析により，新しい真核生物の分類が発表され，真核微生物に含まれる原生生物の分類が大きく変わりつつあります。この分類における麹菌（コウジカビ）の位置は，生物界のうちの菌界の真核微生物（真核生物）で，子嚢胞子を形成することから子嚢菌門のコウジカビ属（*Aspergillus*（アスペルギルス）属）に分類されています。その代表的な菌種が麹に使用される麹菌ニホンコウジカビ（*Aspergillus oryzae*（オリゼー）（42ページ参照））になります。

次に，麹菌がどのような形をしているのか説明しましょう。

みなさんは餅などの食べ物にカビが生えているのを見たことがありますか。見たことのある方は，それらが黒や緑，青，赤などの色素を伴った斑点のようなものではありませんでしたか。この斑点なようなものを虫メガネでよく観察してみると，そこには小さな糸状の菌糸が重なり合って，表面に丸い球（分生胞子）を多数つけている様子を見ることができます。

このように虫メガネで観察できるほど麹菌は微生物のなかでも巨大なほうで，通常の100〜150倍の顕微鏡で十分に観察できるのです（酵母は600倍，細菌は1,000〜1,500倍でないと見えない）。

麹菌は，分生胞子（分生子），梗子（こうし），頂嚢（ちょうのう）の頭部と，分生子柄，柄足（へいそく）細胞の支え部からなっています（**図1.6**）。頂嚢についている梗子の先の分生胞子が麹菌の増殖のもととなっていて，この胞子が発芽して菌糸をつくり，

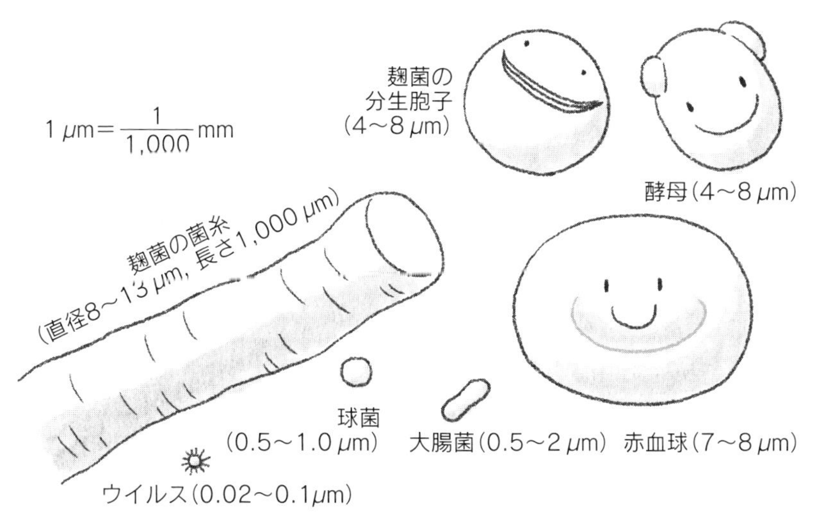

図1.5　麹菌の大きさと他の微生物，赤血球との比較

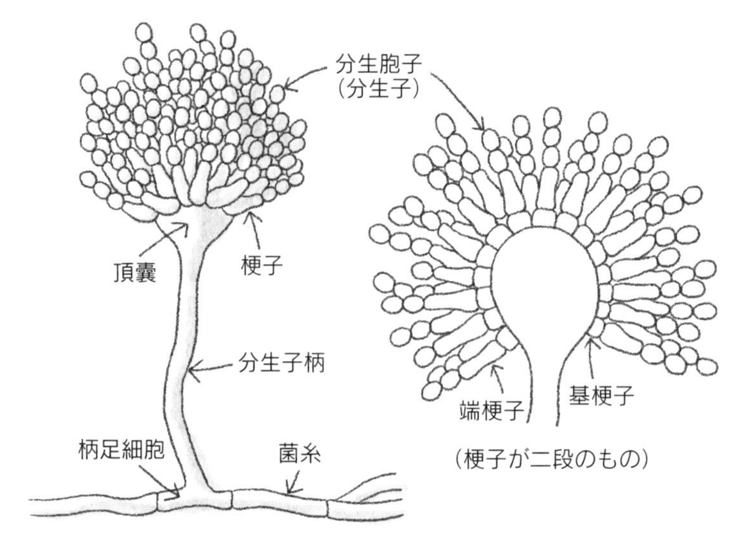

図1.6 麹菌の形態

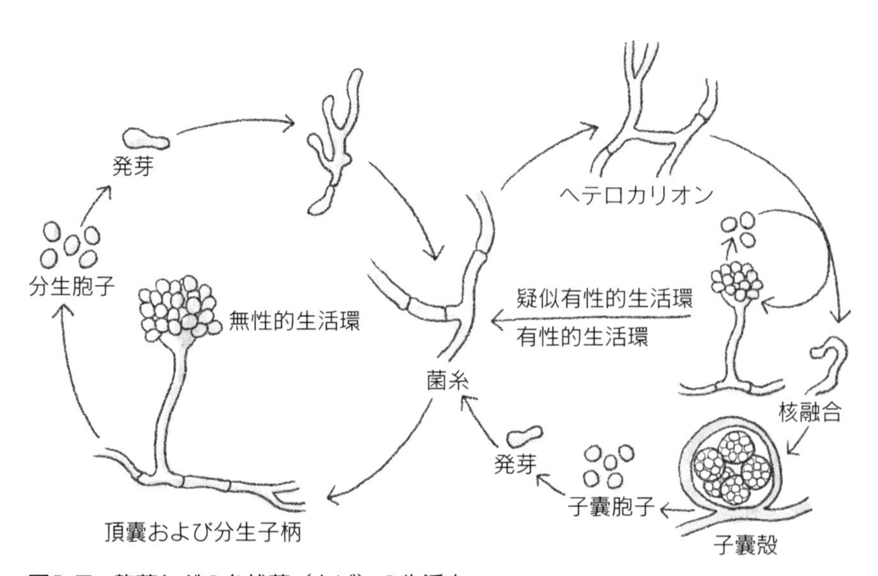

図1.7 麹菌などの糸状菌（カビ）の生活史

麹菌の生活史は主に無性的生活環になります。

その菌糸から分生胞子を出して頂嚢，梗子，胞子を着色し，これをくり返して繁殖しています。

その生活史を**図1.7**に示します。麹菌などの糸状菌（カビ）の生活史には有性的生活環と無性的生活環があります。有性的生活環は，異なった2個の細胞の核が合体（融合）して子嚢胞子をつくるもので，図では2つの異なった菌糸細胞の核が融合し，菌糸の一部に子嚢胞子を内生し，この子嚢胞子から発芽して生活史を開始します。これに対し，無性的生活環は，麹菌生活史の主となるもの（麹菌のなかには有性的生活環をもたないものが多い）で，適当な条件（栄養源，水分，温度，水素イオン濃度など）が与えられれば，分生胞子は発芽してどんどん菌糸をつくり，この菌糸の一端から頂嚢や梗子を形成し，その先端に分生胞子を着生します（**写真1.2**）。ここまでが第一世代で，この分生胞子から再び発芽して第二世代史へと移ります。この一世代の所要時間は，麹菌の増殖に適した条件さえ整っていれば25〜30時間ほどになります。

このように，麹菌は生活史を通じて菌体内でさまざまな生化学反応をし，私たちにすばらしい恵みをたくさん供給してくれています。

では，この麹菌が生きていくのに必要不可欠なものは何でしょうか。栄養源はもちろんですが，それ以前に大切なのが「水」です。水がないとほとんど増殖しないので，一定の水分や栄養液があって初めて胞子は出芽します。

水に次いで必要なのは「温度」です。一般に菌類の発育温度は個々の菌類によって異なりますが，低い温度では0〜7℃，最適温度25〜35℃，最高温度45〜50℃の範囲にあります。*Aspergillus*属（麹菌）は35℃に最適温度をもちますが，*Penicillium*（ペニシリウム）属（アオカビ）の場合は20〜25℃で，30℃以上では発育しにくいなど，属が異なると生育温度も違ってきます。

「酸素」もまた菌類の生活には欠かすことができません。酸素を強く要求するものや，さほど必要ではないものなど，麹菌によってその差はまちまちですが，まったく要求しないもの（絶対嫌気株）は麹菌にはありません。つまり麹菌の場合，一般に好気型で，酸素をさほど必要としない嫌気型はまれなのです。

そして「水素イオン濃度（pH）」は微生物の生育にきわめて重要な意義があります。一般に細菌は中性〜弱アルカリ性を好み，麹菌や酵母は弱酸

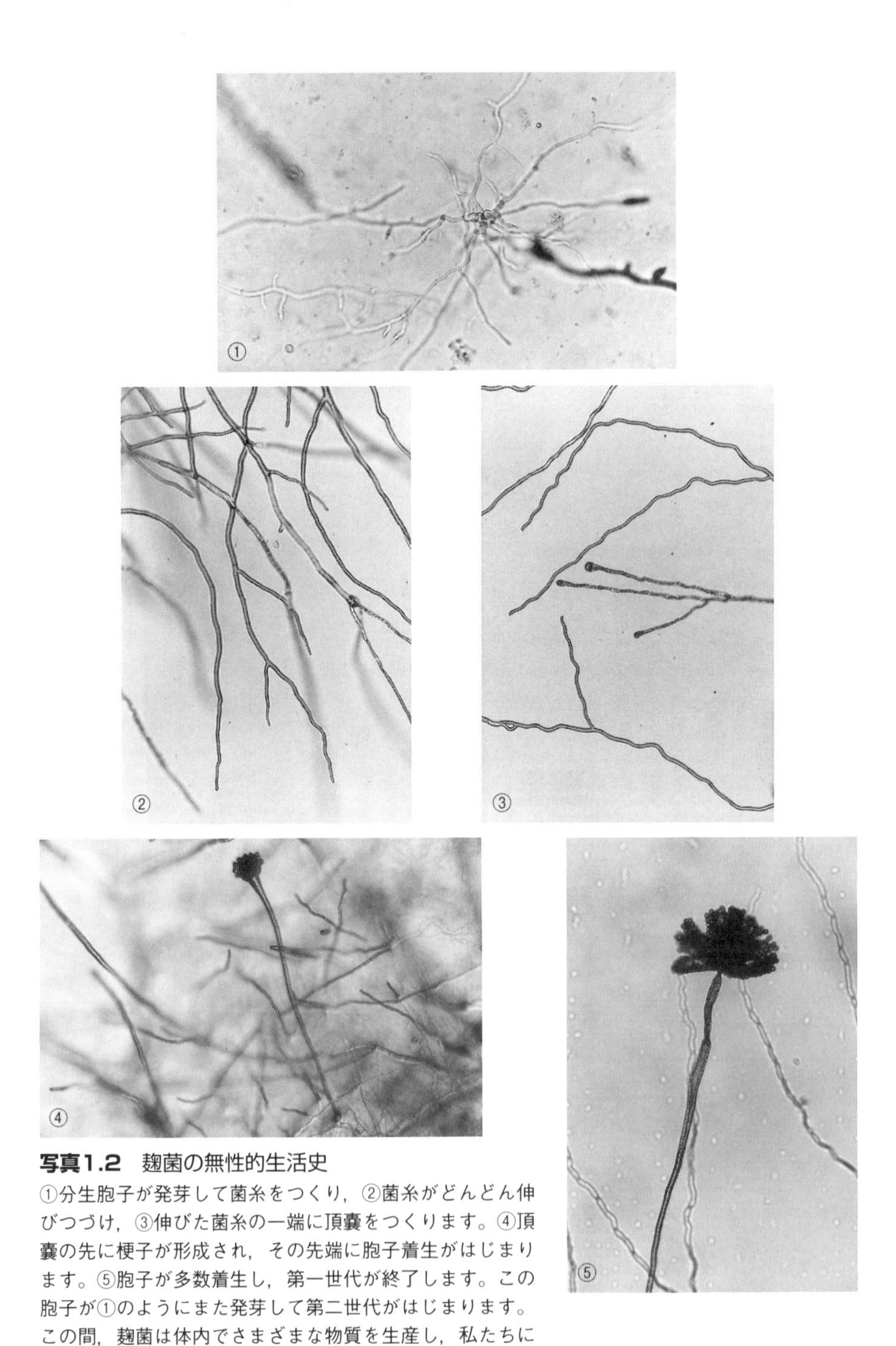

写真1.2　麹菌の無性的生活史

①分生胞子が発芽して菌糸をつくり，②菌糸がどんどん伸びつづけ，③伸びた菌糸の一端に頂嚢をつくります。④頂嚢の先に梗子が形成され，その先端に胞子着生がはじまります。⑤胞子が多数着生し，第一世代が終了します。この胞子が①のようにまた発芽して第二世代がはじまります。この間，麹菌は体内でさまざまな物質を生産し，私たちに恵みを与えてくれるのです。

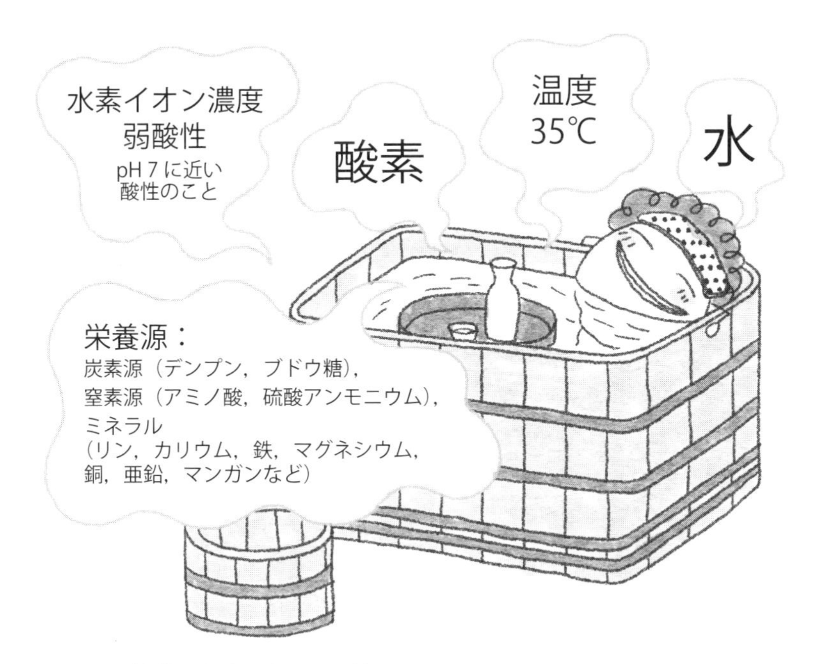

図1.8 麹菌の生育に必要な環境

性を好みます。麹菌の場合，その最適 pH は5～6ですが，アルカリ性でも比較的よく生育し，その増殖には広い pH 領域をもっています。

しかし，前述の水，温度，空気などがあっても食べるものがないと生育しません。栄養源があってはじめて増殖し成長するのです。その栄養源は，炭素源としてデンプンやブドウ糖，ショ糖など，窒素源としてアミノ酸や硫酸アンモニウムが基本的な不可欠栄養素になります。このほかにもリン，カリウム，鉄，マグネシウムなどの無機成分（ミネラル）も重要な成分になりますが，麹菌の種類によっては特定のビタミンを必須に要求するものや，銅，亜鉛，マンガンのようなミネラルを必ず要求するものもあります。

1.4 麹の歴史

ここでは日本で初めて麹菌を利用して造られた，米を原料とした酒を例に，麹の歴史について解説します。

縄文中期の酒器とみられる土器が長野県井戸尻遺跡から発掘され，その土器の内側に山葡萄の種子が付着していたことから，日本人は縄文中期には，すでに山葡萄，猿梨，草苺，木苺などの漿果酒を口にしていたと考えられています。

その後，縄文後期には，栗，栃の実，楢の実などのデンプン質を多く含む堅果を水に漬け，堅果がふやけたものを石器で叩いて皮をとり，なかの実を搗いて粉にして粗末なデンプン質をとり，その粉を山芋や百合根などと煮て団子状にし，それを口で噛んで器のなかに吐き溜めておいたところ，唾液のアミラーゼによってデンプンがブドウ糖となり，これに野生酵母が作用して発酵し，口噛みの酒ができました。

さらに弥生時代に入る少し前になると，焼畑作物の粟，稗などの雑穀による酒が造られ，これが弥生初期の米を原料とする酒造りへと発展していきました。弥生後期，とくに三世紀前半の日本を知ることのできる『魏志倭人伝』には，倭国の葬送の習俗として「喪主哭泣シ，他人就ヒテ飲酒ス」「人生酒ヲ嗜ム」と記述されており，酒は日本人にとって，すでに身近なものとなっていたことがうかがえます。

このようにして唾液中の糖化酵素を利用した原始的な酒造りに代わり麹菌の酵素を使う画期的な酒造法が発明されていきました。麹による酒造り

図1.9　口噛み酒の造り方
日本の酒のはじまりといわれています。

の登場です。

麹菌は空気中に浮遊していたり，稲わらなどに付着しているので，煮た米や蒸した米に漂着すると，そこで胞子を出芽させて菌糸をつくり，さらに多くの胞子を着生させながらどんどん増殖していきます。その過程で麹菌は，盛んに酵素，とくにアミラーゼを多量に生産し，それを体外に分泌して米麹内に残すので，米のデンプンは糖化されてブドウ糖に変わります。

甘いものであれば(酵母がこれに作用してアルコール発酵を引き起こし)酒になるということを当時の人は体験的に知っていたので，この驚くべき発見に歓喜したことでしょう。そしてこれにより，辛くてきつい口噛みの作業が不要になったばかりではなく，麹をつくればそれに応じて大量の酒を醸すことができ，何といっても酒の質が格段に向上したということは画期的なことだったにちがいありません。

この麹による酒の登場により漿果酒や口噛み酒が衰退してしまったわけですが，それがいつ頃だったのかは正確にはわかっていません。稲の栽培がはじまってそう遅くはない時期に麹での酒造りが発生し，口噛み酒と併存したという説，紀元前３～前２世紀頃に渡来してきた稲作農耕文化のなかの水田造り，播種，育成，収穫，貯蔵といった水稲技術に混じって，米の調理法または利用法も併せて持ち込まれ，そこに麹のつくり方もあったという説など諸説あります。

このカビの力を借りて穀物のデンプンを糖化する酒造りですが，これは東南アジアの照葉樹林地帯を中心に中国，日本，朝鮮半島を含む東アジア一帯，ネパール，チベット，ブータンなどに及ぶ広い地域で見ることができます（**図1.10**。参考までに世界の伝統的な酒づくりの分布も示す）。そのなかで東アジアに位置する日本の麹は前述したように，他の麹酒文化圏の麹と比較すると，そのタイプを大きく異にする独特のもの（例えば，日本の麹が散麹なのに対し，他の麹酒文化圏の麹はその大半が餅麹であることや，日本では麹菌（コウジカビ）で麹をつくるのに対し，他国は主としてクモノスカビでつくるなどの明確な相違）であるのは，日本民族の酒の源流を考える場合，きわめて重要な論点となります。

このことについては後述しますが，いずれにせよ，米がつくられ，これが全土に伝播していったことは，奈良県唐古（からこ）遺跡での籾種（もみだね）の入った土器の発見や，宮城県桝形囲（ますがたがこい），貝塚や青森県垂柳（たれやなぎ）遺跡からの水田跡の発見などで

図1.10　伝統的酒造りの分布模式図

明らかであり，そこからは当然，米を原料にした酒造りも全国に拡散していったことが推測されます。そして「いかなる民族でもそこに存在する穀物酒は主食と深く関係する」という法則を考慮した場合，米の扱いに慣れた日本人が加熱調理した米に麹菌が着生したもの（麹）を見逃しはしなかったはずで，その麹で酒造りをしていたことは当然考えられます。

おそらくその初めは，麹菌の活動がもっとも活発な梅雨の時期に，器にとりおいた飯に麹菌が着生して麹ができ（神棚に供えた餅にカビが生えるように），たまたまそこに雨漏りか何かで偶然に水が加わったことでアミラーゼが働いて糖化が起こり，ブドウ糖ができました。するとすぐさま酵母が発酵し，口噛み酒に似たようなものができました。それがほのかに酒のにおいがしているのに弥生人は気付き，麹酒を知るきっかけとなったのかもしれません。そしてそれをヒントに同じようなことを意識的にくり返してみたところ，同じように酒ができたと考えれば，弥生時代の比較的早い時期，すでに麹による酒が造られていたという可能性はそう無理なく推測することができるのではないでしょうか。

また海外における酒の発生も，この例にほぼ似ています。各民族に伝わる酒の製造法の多くは，その民族の主食の加工法や食法ととても関係しており，紀元前4000～3000年，人類文明最古の地で大麦を主食にしていたチグリス，ユーフラテスの民はすでに今日のビールの原形である，大麦の麦芽を使った麦酒（ビール）造りをしていました。メソポタミアで発掘された「モニュマン・ブルー（Monument Bleu）」と呼ばれる板碑には，その様子が描かれており，楔形（くさびがた）文字で説明がされています（**写真1.3**）。

写真1.3　「モニュマン・ブルー」（バビロニア　紀元前3000年）
最古の麦酒（ビール）造りの記録を記したもの。

このときも初めに主食の大麦が何らかの理由で水をかぶり，そのままにしておいたら芽が出てきました（麦芽の誕生）。すると麦のデンプンは麦芽のもつアミラーゼによって分解され，麦芽糖に変わって甘くなりました。これを捨ててしまうのはもったいないのでパンにしたのかもしれないし，そのままであったのかもしれませんが，とにかく器のなかに入れておいたら，そこに水が入って酵母がつき，アルコール発酵を起こす。これが「麦芽の酒（ビール）」の誕生です。

こうした推測は，時代も，地域も，民族も，原料も異なりますが，日本における「麹の酒」の誕生と似ています。このようなことから，米の扱いに慣れた日本民族の祖先たちは，気候風土に助けられながら日本列島のあちらこちらで麹を用いた酒造りが生まれ，それを伝播させながら広まっていったのではないでしょうか。

ところで，米麹を用いた酒造りが登場した最初の文献ですが，これは和銅6年（713年）に播磨国（現在の兵庫県西南部）から録上した『播磨国風土記（はりまのくにふどき）』になります。そのなかの宍禾（しさわ）郡庭音（にわと）村の地名説話に「大神の御粮（みかれい）沾（ぬ）れて梅（かび）に生えき　すなわち酒を醸（かも）さしめて　庭酒（にわき）を献りて宴（うたげ）しき」（神様に捧げた強飯（こわめし）が濡れて黴（かび）が生えたので，それで酒を醸し，新酒を神に献上して酒宴を行った）とあります。

このことは麹の語源からも符合し，米飯にカビが生えたものを古くから「加無太知（かむたち）」または「加牟多知（かむたち）」と呼んでいて，「噛む」の語源を残しながら「カビ立ち」の意味をもち，「カムタチ」→「カムチ」→「カウチ」→「カウヂ」→「コウヂ（麹）」になったといわれています。まさしく米麹による酒造りを意味しています。

しかし，これはあくまで文献に登場した麹酒の初見であって，この風土記が録上された時代が日本最初の麹酒の登場であるという説を採用してよいのかは疑問です。なぜなら醸造学的に見ると，実は麹の成立はもっと以前でも可能だったからです。

というのも，文献に記してある「御粮」とは強飯，つまり蒸した米（もっと古い時代は蕗の葉や樹皮などに包んで，火で焙ったり熱灰のなかに入れて焼いて食べた）のことで，それをつくるためには甑，つまり蒸し器が必要となります。ところが甑はすでに縄文時代晩期後半あたりに出土しており，そのうえ，水稲とともに米の調理具として大陸型のものが渡来してきている（和歌山市鳴神音浦出土）ので，弥生時代前期において甑を使用するのは当たり前のことだったからです。

また，万葉の時代，山上憶良が『貧窮問答歌』で「竈には火気ふき立てず　甑には蜘蛛の巣懸きて　飯炊ぐ事忘れ」と詠んでいるのを見ても，当時，米を調理するのに甑が使われていたのがよくわかります。

このように甑を使うこと，すなわち蒸すことによる強飯であったことは，最初の米麹の出現に実に重要な意味をもっています。このことは次に述べる実験でも明らかです。

焼いた米，蒸した米，煮た米の３種類を別々の茶碗に入れて室内に放置します。すると３日目に蒸した米の表面にカビがいっぱい繁殖し，ほのかに甘いにおいがしてきました。ところが煮た米では，１週間ほど経過してもカビは生えず，細菌（バクテリア）がクリーム状の薄い膜をつくって繁殖し，腐った納豆のような異臭を放ちました。焼いた米は微生物が何もやってきませんでした。この実験は何度くり返しても結果は同じでした。その理由はそれぞれの加熱米の水分にあります。「煮る」というのは100℃の水中で加熱されることであり，「蒸す」というのは100℃に近い温度で水の蒸気と触れることであり，「焼く」というのは数百度という高い温度で水を介在させずに加熱されることですから，それぞれの場合において水分含有量に差が出ます。この生育環境の水分量が微生物の繁殖に重要な影響を及ぼします。そして，微生物の種類により最適な水分含量の範囲があります。

そこで3種類の米の水分量を測ってみたところ，煮た米は約65%，蒸した米は37%，焼いた米は10%以下と，大きな差がみられました。麹菌の繁殖におけるもっとも理想的な水分活性領域は35～40%ですから，蒸

図1.11 甑を用いて強飯を炊く

した米の水分含有量と見事に一致していました。

このようなことから，陸稲がすでにあったり，水稲が新たに入ってきたりして，それを甑で蒸した強飯を食べていた縄文人や弥生人がいて，そこに麹菌が絶好とする湿度の高い気候風土が加わったとすれば，麹ができないほうがむしろ不自然なのです。したがって，それを用いた酒造りが行われていたとしてもなんら不思議ではありません。

しかし，麹による酒造りについて８世紀の『播磨国風土記』まで記述を見なかったのは，それまで日本中のあちらこちらで試行錯誤がくり返されていたことを物語っているように思えるのですが，いかがなものでしょうか。

1.5 日本の麹と酒・醤油・味噌の独自性

麹を使った酒は，中国大陸，朝鮮半島，日本を含む東アジア一帯や東南アジア全域のほか，ネパール，チベット，ブータンといった山岳民族にまで広く分布しています。初めに述べましたが，麹のことを中国では「麯(チュイ)」，台湾では「粬(カ)」，韓国では「麯子(ゴッチャ)」，インドネシア・マレーシア・ベトナムでは「ラギー」，タイでは「ルクパン」，フィリピンでは「ブボット」，ネパール・ブータン・チベットでは「ムルチャ」と呼び，それぞれの麹はそれぞれの国で独自の民族酒における立役者となっています。

これらの国々の麹を比べてみると，そこには興味深い違いがみられます。それは日本を除くアジア各国の麹の多くは「餅麹」で，日本の麹は「散麹」であるということです。

「餅麹」とは，麹の原料となる穀物（主として麦類や高粱(コウリャン)）を粉にしてから水で練り，これを手でこねて団子型や餅型，煎餅(せんべい)型に成形し，加熱せ

表1.1　餅麹と散麹の比較

	餅麹	散麹
原料	大麦，小麦，高粱，粟，米など	白米
原料処理（蒸煮の有無）	生（無蒸煮）	蒸煮
種麹の有無	自然発生	種麹
型状	塊	粒体
主要なカビ	クモノスカビ	麹菌（コウジカビ）

ずに生のままで室(むろ)（麹をつくるための部屋）に入れ，クモノスカビを繁殖させて麹とするものです。これに対し「散麹」は，原料（酒の場合は米，醤油や味噌の場合は小麦や大豆）を粉にせず，そのままの粒の状態で蒸してから，これに麹菌の胞子（種麹）を撒いて室に入れ，この麹菌の繁殖によって麹を得るものです。そしてこのような特徴ある形状からもわかるように，小型の餅のような形を「餅麹」，バラバラの粒状を「散麹」と名付けたのです。

それにしても，なぜ日本の麹が「散麹」で，日本を除くアジアの国々の麹は「餅麹」なのでしょうか。このことを明らかにすることができれば，清酒は日本独自に発生した「日本民族の酒」と位置づけることができるかもしれない（現在のところ，清酒は大陸から酒造りの技術が入ってきて造られたという説と，日本独自に発生したという説があり決着がついていない）ので，私の研究を交えながら解説しましょう。

多くの場合，民族酒の製造法は，その民族の主食の加工法や調理法に一致します。この観点から，米を粒で食べる粒食民族である日本人は「散麹」の酒をもち，小麦や高粱を粉体として包子，饅頭，麺のように焼いたり蒸したり煮たりして食べる粉食民族である中国人は「餅麹」の酒をもつというのも当然のことのような気がします。しかし，広い中国では，南のほうでは粉食する地域もあるし，朝鮮半島や東南アジアでは粒食や粉食もあるので一概にいうことはできません。

そこで一歩考え方を前進させて，日本の「散麹」の発生は，他の国々とは別に，米の粒食とともに日本特有の湿潤な気候と相まって自然発生的に起こったと解釈したらどうでしょうか。そうすると，その製造法は，気候風土と微生物の発生状況，そして主食の調理法などが巧みに融合し，そこに日本人の独創性が加えられたことによって事がなされ，民族の酒の誕生に至ったということになりはしないでしょうか。その点をさらに詳しく知るためには，なぜ日本の「散麹」が麹菌（コウジカビ，*Aspergillus*属）であり，大陸の「餅麹」がクモノスカビ（*Rhizopus*(リゾープス)属）であるのかという，微生物の生態的視点から解明すれば，その核心に迫れるはずなのです。

そこで私は２つの実験を試みました。ひとつは前述した同様の実験です。湿度と気温の高い６月の梅雨の時期を選び，煮た米，焼いた米，蒸した米（強飯）を放置したところ，蒸した米にのみ著しくカビが発生し，それら

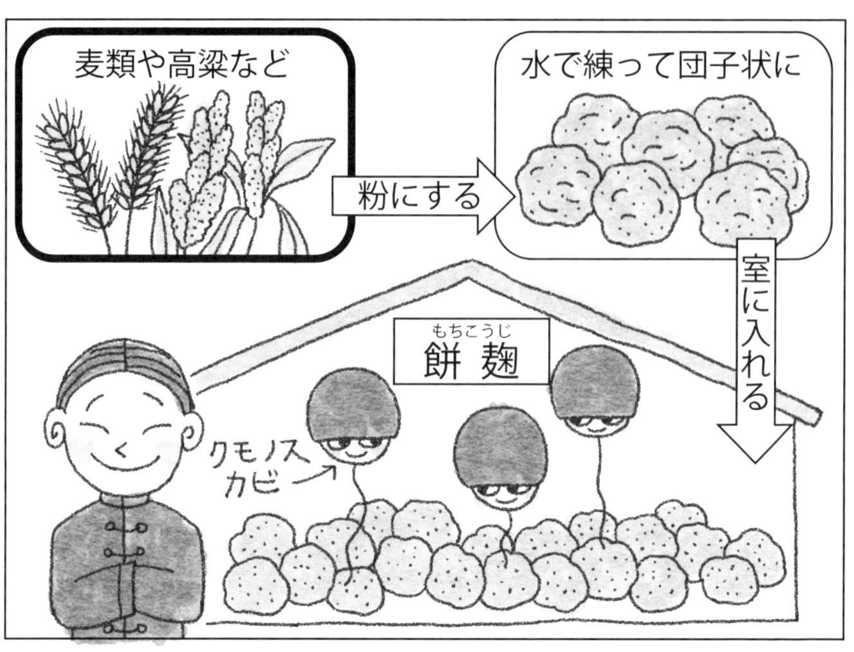

図1.12 餅麹（団子状）（上）と散麹（下）

のカビは圧倒的に麹菌が多いことがわかりました。これは蒸した米には選択的に麹菌の繁殖が起こること（蒸した米への麹菌の自然発生）を意味します。その理由をさらに追求したところ，含有する水分量の違いと蒸すことで米のタンパク質の一部が熱変性を起こし，クモノスカビが分解しにくいものへと変わってしまったために増殖しにくくなっている（カビはタンパク質をそのまま栄養源として摂取することはできず，これを分解してアミノ酸として体内にとり込む）反面，麹菌はその変性したタンパク質を何の苦もなく分解し，旺盛に生育できるということがわかりました。

もうひとつの実験は次のとおりです。「餅麹」をつくる場合，原料の小麦や高粱を粉体とし，これに水を加えて練ってから無蒸煮のまま麹室でカビを発生させることから，麦類や高粱といった餅麹圏の原料には，自然界での栽培の段階ですでにクモノスカビが多量に付着しているので，それを生かすために原料の加熱処理をしていないのではなかろうかと推察したの

麹の豆知識 1

***Aspergillus oryzae* の名前の由来**

麹菌の代表 *Aspergillus oryzae*（オリゼー）の学名について少しお話しましょう（詳しくは 2.1 節 清酒参照）。この学名は，明治 9 年（1876 年），東京医学校（東京大学医学部の前身）の御雇教師 Herman Ahlburg（ヘルマン アールブルク）が命名したものです。*Oryzae* は稲の学名 *Oryzae sativa*（サティバ）にちなんで名付けられたもので，このことからも稲と麹菌との関係が当時から注目されていたものであったことがうかがえます。

ちなみに属名の *Aspergillus* ですが，ラテン語「Aspergillum：灌水器（カトリック教会の司祭が聖水を散水する際に使用する器具）」に由来します。聖水を灌水棒で散水する際，水が飛び散る様子が *Aspergillus* の梗子に似ていることから名付けられました。

です。そこで，実際に収穫したばかりの麦穂からカビの分離を試みたところ，圧倒的に多くのクモノスカビの存在が確認されました。麦穂 100 mg（耳かきほどの小さな杓に一盛りという少量）あたりクモノスカビの胞子が平均 20,000 個であるのに対し，麹菌はたったの 20 個と，実に 1,000 倍もの大差があったのです。このことは最初の推測を裏づけるものとなりました。これに対し，稲穂で同じような実験を行ってみたところ，そこには非常に多くの麹菌が生息していましたが，クモノスカビはほとんど検出されませんでした。

上記の２つの実験から，「散麹」を使う清酒が，昔から蒸した米を主食としていた日本民族の独創物であることを物語っているといえるでしょう。酒が生まれるということは，主食と深く関係する原料とその調理法，気候風土，固有の微生物，酒を造る民族の発想によるものなのです。そして日本人は，このすばらしい麹菌の偉力を酒造りだけにとどめず，醤油や味噌の製造においても巧みに利用し，日本特有の発酵調味料を造り出しました。

麹菌がもたらしてくれたこの三大醸造物である清酒・醤油・味噌は，日本の食文化を世界の食文化から完全に独立させる役割を果たし，美味で風

図1.13　日本三大醸造物
日本の三大醸造物である清酒，醤油，味噌は，味噌汁や刺身用醤油，煮物などの味つけに使われ，世界の食文化から完全に日本料理（和食）を独立させました。

流ある日本料理（和食）をも誕生させたのです。まさに日本の食文化は，「麹」により強く特徴づけられているといえるでしょう。

江戸の醤油売り

ここで少し醤油の話をしましょう。醤油の原型は，すでに弥生式文化時代から大和時代にかけてあり，それを「比之保（ひしお）」といっていました。初めは魚醤や蝦醤（かしょう）のように魚介を丸ごと潰し塩漬けにしたものでしたが，7世紀初頭に大豆の伝来とともに「醤（ひしお）」も伝わってきました。当時の文献によると「麦，麹，豆，米を寝かせて塩を混ぜてからよく攪拌して造る」とあります。そして平安時代の『延喜式』によれば，京には醤を売る店50軒，味噌屋が32軒もあったと記されているので，かなりの盛況ぶりがうかがえます。その「醤」が「醤油」と呼ばれるようになったのは室町時代とされており，今日の醤油の原型はほぼこの頃に造り出されたといわれています。

醤油は，原料に旨味のもととなるタンパク質の豊富な大豆や小麦を選び，そこにタンパク質分解酵素を強く分泌する醤油用麹菌（*Aspergillus sojae*（ソヤ））を繁殖させ，得られた醤油麹を水と食塩とで仕込みます。すると，グルタミン酸を中心とした旨味性の強いアミノ酸やペプチドを多く含む調味料となります。そしてこの醤油のもつ独特の旨味とにおいに日本人はいつの時代も心奪われるのです。うなぎの蒲焼，トウモロコシの醤油焼き，ブリの照り焼き，芋の煮っころがしなど，想像すると食欲をそそるようなにおいは，まさに醤油なくしては誕生しえないのです。また醤油というのは，醤油自体に強いにおいがあるとともに，調理時における加熱反応によりいっそう強烈なにおいを放つので，魚特有の生臭みや獣肉の臭みを消す効果があります。海外では肉の臭みをなくすのに多くの香辛料（スパイス）を用いますが，日本では醤油ひとつでその役割を果たすことができるという万

図1.14　醤油の魅力
日本人の食になくてはならない発酵調味料であり，肉や魚のにおいを消す万能調味料である醤油は，いまや世界を制する超万能発酵調味料になっています。

能調味料なのです。そしていまや日本のものであった「醤油」は「soy sauce（ソイ ソース）」として当たり前のように世界中の食卓でみられるようになっています。

次に味噌についても少し話をしましょう。味噌は『大宝律令』（701 年）の「大膳職」に「未醤（みしょう）」という字が登場し，未醤→未曽→味噌になったといわれています。すなわち「未だ醤油にならない一歩手前の

図1.15　味噌の魅力
大豆と米麹による発酵と熟成により複雑な香味をもつ味噌は日本人に「おふくろの味」をして親しまれています。

固形物」が味噌ということになります。「噌」という字は，日本でつくられた字であることからも，味噌は醤の技術を活かして日本人が創製した嗜好物と考えられています。味噌の原料は大豆と米麹で，それが発酵と熟成を経ることで実に複雑な香味をもっています。そしてこの香味をもつ味噌は「味噌汁＝おふくろの味」として親しまれ，味噌汁の香りこそ，日本の古きよき時代の家庭における原点的な芳香といえるでしょう。

このように，日本人にとってかけがえのない醤油や味噌といった発酵調味料は，ヨーロッパの食文化にはまったくみられない日本独特の麹による食文化で，麹菌の神秘さがなせる美技でもあるのです。

1.6 種麹の発明

ところで，清酒醸造の歴史上，麹の登場や応用にかかわるもっとも特筆すべきことは，平安時代末期の12 世紀にすでに「種麹（たねこうじ）」が発明されていたことです。

平安時代の『延喜式』の「造御酒糟法」に，酒を造る際，「糵（よねのもやし）」を用いて仕込んだと記されています。この「糵」とは「米にもやもやとカビが生えたもの」，つまりは「麹」のことを意味し，とくに菌糸が長くなって目に見えるものを言い表しています。今日の清酒製造における「もやし」の語源であるとするならば，これが「種麹」を意味することは明らかではないでしょうか。

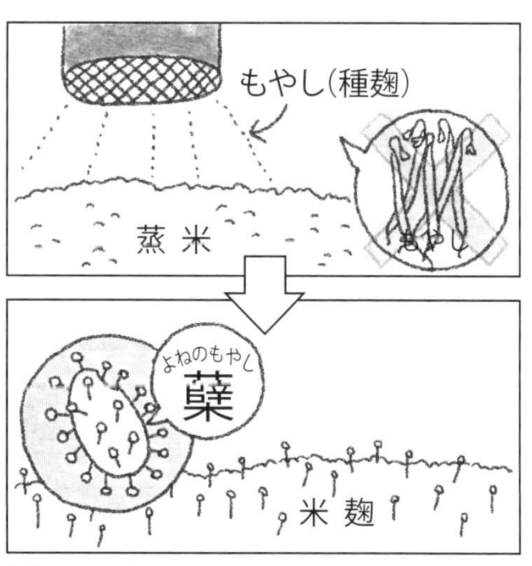

図1.16　もやしの正体
米にもやもやとカビが生えたもの＝糵（よねのもやし）を語源とする「もやし＝種麹」は酒造現場で用いられる特殊な言葉です。

酒造りに必要不可欠な

「種麹」は「友麹」または「友種」ともいい，前によくできた米麹の一部をとり置いて，これを数日置いて胞子を着生させて麹を増やし，次の「種麹」として使用しました。しかし，これでは常に純粋な米麹を得ることはできません。種麹が悪いと酒質も悪くなり，また大規模な仕込みを行う場合，多量の種麹が必要となり，麹をつくるのに時間がかかるという不便さもありました。そこで，米麹をできるだけ純粋に製造し，２～３日室で育て，米粒に多量の胞子が着生したものを絹製の篩にかけ，米粒と麹の胞子を分け，多量の胞子を乾燥して保存する方法が考え出されました。このようにすることで，胞子を蒸した米に撒き，いつでも，自由に，安全で，確実に，多量の麹を得ることができるようになったのです。これが「種麹」のはじまりで，12世紀後半から13世紀初頭にかけて発明された画期的な方法となりました。

ただし，当時，種麹は一度手に入れると酒が簡単に密造できてしまうので，種麹製造は一種の秘伝とされていました。許可された者（種麹屋）のみ種麹製造ができ，それ以外の者が種麹もしくは麹を製造することは厳重にとり締まられていたのです。そして当時の種麹屋は，造り酒屋・味噌屋・醤油屋・甘酒屋などからそれぞれの製品の注文に応じて種麹を製造し，供給していました。その後，長い歳月をかけ，種麹屋は知恵をしぼってさまざまな方法を考案し，「麹菌の胞子だけを純粋なまま蔵元に供給する」という，今日の種麹屋の形態を自然に継承してきました。このような微生物

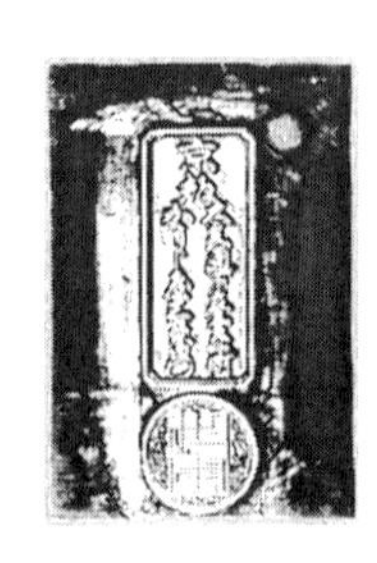

写真1.4　足利幕府からの「麹座の許可判」（右）と店頭に掲げられた看板（左）
京都の街中にあった「かうじ屋三左衛門」に，幕府から麹の製造および販売にかかわる許可判（木製）が交付され，「麹座」の一員に加わることが認められました。

の種（スターター）だけを専門に製造・販売する商いは世界中どこを見ても日本の種麹屋だけなのは凄いことであり，誇るべきことです。

種麹製造についてもう少し説明しましょう。種麹は，前述したとおり，蒸した米に木灰と麹菌の胞子を撒いて麹をつくり，これを２～３日培養すると，蒸した米の表面が麹菌の胞子に覆われ密叢状態になります。これを乾燥し，微細な目*の篩でふるって胞子を得て包装し，製品となります。文章で説明すると簡単な作業のように感じられますが，実はとても難しい作業なのです。種麹をいかに上手につくるかで麹の品質が大きく左右され，製品である清酒に影響を及ぼしますから，かなり神経をつかって厳重に育てあげなければならないのです。つまり，種麹が空気中に棲息している糸状菌や野生酵母に汚染されていれば，それでつくった麹は当然汚染されており，麹を加えて発酵させる醪まで汚すことになってしまい，このような汚染された種麹を販売したメーカーは信用とともにこれまで培ってきた伝統をも失うことになり，まさに命とりになりかねない事態に陥ってしまうのです。

したがって，種麹製造は，いかに純粋に麹菌の胞子を多量に得るかにかかっているのです。そのように考えると，微生物学の知識や基礎があまり確立されていなかった時代における種麹製造は並々ならぬ苦労があったのではないかと思われます。ところがこれがまた日本人の凄いところで，驚くべきことにこの難問を木灰を使用するということで解決したのです。

木灰を使用すると次のような利点が挙げられます。①殺菌剤：蒸した米をアルカリ性に保ち，空気中の汚染となる菌の侵入や繁殖を抑えることができる，②栄養剤：木灰に含まれるリンやカリウムなどが麹菌の増殖を助長し，胞子の着生を大幅に促進させる，③中和剤：麹菌の胞子着生を阻害する酸性化合物を木灰が中和する，などです。このように木灰の利用は，実に緻密に計算された見事な方法といえるでしょう。そして，この木灰のもつ効能は，種麹だけではなく私たちの生活において肥料や切り傷に塗る薬などのさまざまなかたちで利用されています。本当に昔の人の知恵は凄いものです。しかし今では木灰はとても貴重なものとなり，酒造りにおい

＊　麹菌の胞子の大きさは5 μm前後なので，相当細かい篩の目がなければなりません。現在，使用されている目の大きさは150メッシュ（1 ㎠の面積に150 個の目がある）～300メッシュという微細なものが使用されています。

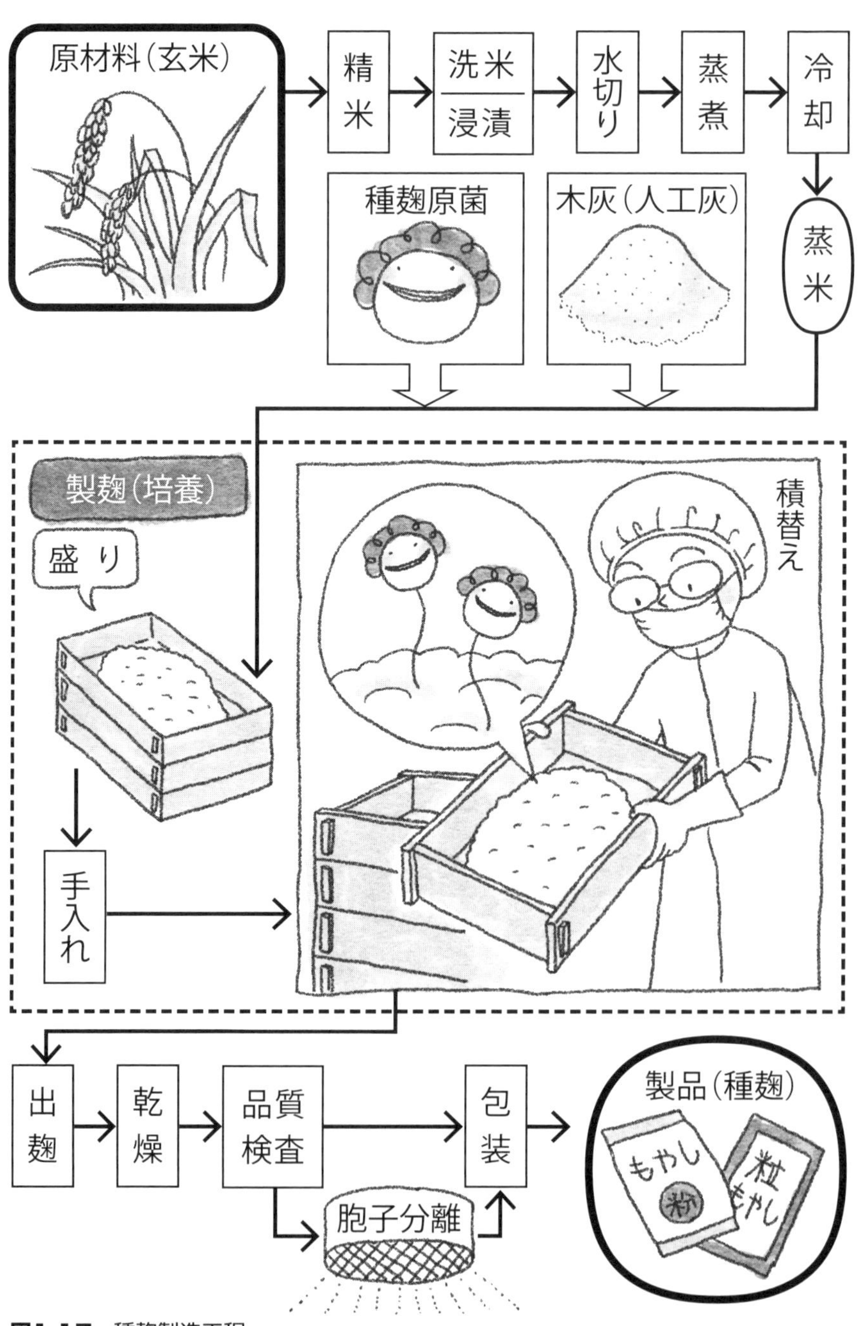

原材料（玄米）
精米
洗米
浸漬
水切り
蒸煮
冷却
種麹原菌
木灰（人工灰）
蒸米
製麹（培養）
盛り
積替え
手入れ
出麹
乾燥
品質検査
包装
胞子分離
製品（種麹）
もやし
粉
粒もやし

図1.17　種麹製造工程

麹の豆知識2

木灰に使用する原料材木は選ばれしエリート木

木灰に利用する木はどのような木でもよいというわけではありません。使用する原料材には厳しい条件があるのです。まず，樹齢100～300年の楢（なら），櫟（くぬぎ），椿（つばき），栗，樫（かし）を選び，次にその古木に生じた15～20年くらいの若木の枝先と葉のみを採集して使用します。下枝や落ち葉は一切使用しません。そのうえ，樹木が立地する条件においては，山は必ず東向きの朝陽のよく当たる斜面で，岩質の地のものとされていました。このような厳しすぎる条件では現代において人工灰となってしまうのも頷ける話ですね。

ては人工灰（リン酸カリウムおよび炭酸カルシウム）で代替されています。

種麹製造の難しさはこれだけではありません。種麹製造をするために使用する種麹原菌のもととなる麹菌原株の選択です。例えば，酒造用の場合，①デンプン分解酵素を主体として原料をよく溶解するもの（粕を多く出さないもの），②タンパク質由来の混濁を起こさないもの，③麹の香りをよく出すもの，④褐変性のないもの，⑤着色成因物質を出さないもの，など実に多くの条件を満たすものでなければなりません。そのうえ，目的とする酒質によって特殊な種麹（例えば，吟醸酒のような香り高い清酒の麹には蒸した米に喰い込んでまだらに繁殖する麹菌が必要）が要求されるのでさらに複雑になります。また焼酎用においては耐酸性のα-アミラーゼが強力なので高いクエン酸生産力をもったもの，味噌用や醤油用はタンパク質の分解力が強力で原料をよく溶解するもの，でなくてはならないのです。そのため種麹メーカ

ーは，現場で要求される性質を備えた多数の優良菌株を常時用意する必要があり，とても責任ある大変な仕事なのです。

したがって，今日の主要な種麹メーカーは，それらの優良株を分離したり，人工的に突然変異株を造成したりして菌株収集することも大切な仕事のひとつとなっています。このように種麹メーカーにとって原株はもっとも大切な財産なので，幾重にも扉のある頑丈な冷蔵庫付金庫のようなものに鍵をかけて厳重に管理しています。

そして今日における微生物学の発展は種麹製造にさまざまな飛躍的進歩を与えてくれました。種麹メーカーにおいて純粋かつ多量の麹菌の胞子を安易にしかも短期間に得ることができるようになったのです。このほかにも，種麹製造における最大の汚染源となっていた空気（麹菌を培養して多量の胞子を得るには常に新鮮で汚れのない空気を供給しなければならない）においては空調工学の発達（ミクロフィルターや殺菌光線など）により完全に無菌化された通気が可能になったり，巨大な高圧滅菌機（オートクレーブ）の導入により種麹製造の際に使用する麹蓋（こうじぶた）に付着している雑菌を完全死滅することができるようになったりと，より純粋な麹菌培養が行われるようになったのです。

大手の種麹メーカーを見学すると，微生物培養のための近代的な機器や装置があり，そこで作業する人たちは完全滅菌をした作業服を着て，細心

の注意を払って作業を行っているのがみられます。この光景を見ていると，平安時代から続いてきた古い伝統が確立された学問のもとに常に進化しつづけながら新しいかたちに変わっていく日本の麹文化の凄さを感じずにはいられません。これから先またどのように進化していくのか非常に楽しみです。

そして現在，この日本独自の種麹の歴史文化を支えるメーカーは約十社と大変貴重な存在となっています。各メーカの方々には日本の食文化を今後も支えていただき是非とも頑張ってほしいものです。

第２章
麹や麹菌を使った日本の代表的な醸造物・発酵食品

麹や麹菌を使用して日本独自の進化を遂げた
さまざまな醸造物・発酵食品である清酒，焼酎，醤油，味噌，味醂，
米酢，漬物・飯鮓・熟鮓，魚醤，鰹節，甘酒，豆腐ようにおける
周辺文化や製造工程などを紹介します。

2.1 清酒

清酒における麹の役割については1.2.1項で述べたように，原料である米の糖化や，アルコール発酵を司る酵母への栄養供給，醸される清酒への香味の賦与などさまざまです。

ことに清酒は独特の香味をもつ酒で，世界にひとつとして同じ酒はありません。なぜなら，日本人が主食とする米を原料にし，日本独自の麹菌を用いる特殊な醸造法で造っているからです。

それでは，まず，日本独自の清酒の醸造法について説明しましょう。

清酒を仕込む際，仕込み容器に蒸米と米麹，酒母（アルコール発酵を行う酵母を多量に純粋培養したもの），水を加えて発酵させます。このとき，麹の糖化酵素が米のデンプンをブドウ糖に分解し，ブドウ糖を酵母がアルコール発酵します。

このように仕込み容器中で麹による糖化と酵母による発酵が並行して行われる発酵形式を並行複発酵といいます。この並行複発酵は清酒にのみみられ，これを着実に行うため，清酒では仕込みを一度で終らせずに「添(そえ)仕込み」「仲(なか)仕込み」「留(とめ)仕込み」という三段仕込み*を行っています。この三段仕込みと並行複発酵により，「清酒は醸造酒のなかで世界一アルコール含有量の高い酒」とされています（アルコール度数：ビール４～５％，ワイン12～13％，清酒の原酒20％）。清酒のように蒸留しない酒がこれほど高いアルコール度数を含有するということは驚くべきことであり，同時に日本民族の発酵技術の高さ，優秀さを示すものといえるでしょう。

また清酒醸造のおける米麹は，並行複発酵とは別の方法でもアルコール度数を高めています。それは蒸米に麹菌が増殖する際にプロテオリピッド（脂質タンパク質）という物質を生産して米麹に残します。その米麹で清

＊　三段仕込み：１日目の「添仕込み」は，熟成酒母に仕込水，麹，蒸米を仕込み，２日目は酵母を増殖させるため仕込みを休みます（これを「踊り」という）。３日目の「仲仕込み」では添仕込みに仕込水，麹，蒸米仕込み，４日目の「留仕込み」では仲仕込みに仕込水，麹，蒸米を仕込みます。仕込量は徐々に増やし，おおよそ添：仲：留＝１：２：３の割合になります。

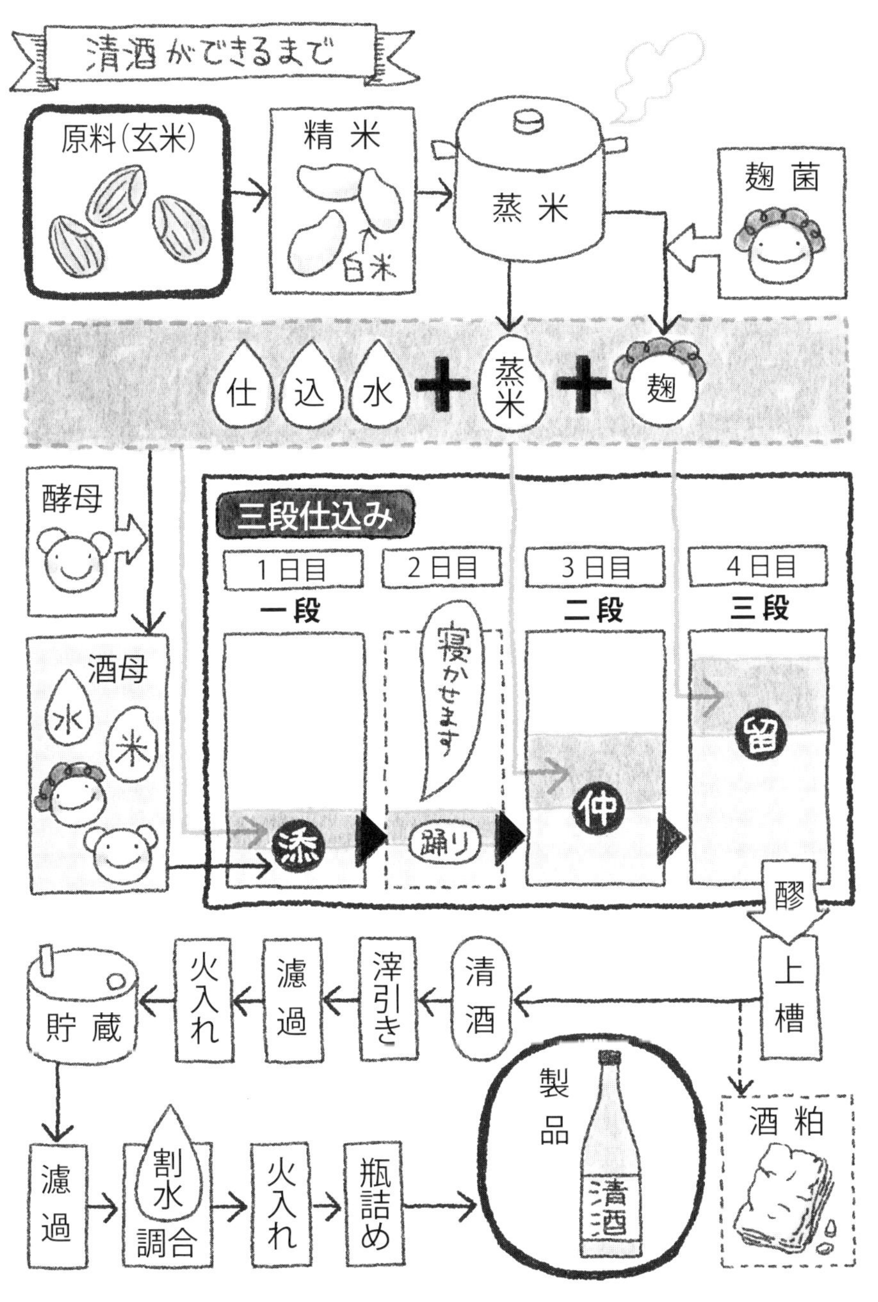
清酒ができるまで
原料(玄米)
精 米
白米
蒸 米
麹菌
仕
込
水
蒸
米
麹
酵母
酒母
水
米
三段仕込み
1日目
2日目
3日目
4日目
一段
二段
三段
寝かせます
添
踊り
仲
留
醪
上
槽
清
酒
滓
引
き
濾
過
火
入
れ
貯 蔵
酒 粕
製
品
清
酒
濾
過
割
水
調合
火
入
れ
瓶
詰
め

図2.1 清酒の製造工程

酒を仕込むと，発酵段階で米麹からプロテオリピッドが溶け出して醪（もろみ）（発酵中の酒）に移行します。その醪中においては清酒酵母がアルコール発酵し，自らつくったアルコールに侵されて次第に弱っていくはずなのですが，清酒酵母はこのプロテオリピッドを巧みに利用して細胞の内側や外側にその化合物を貼り付け，アルコール作用をブロックするのです。それによりアルコールに対して耐性（抵抗力）が高まり，多量のアルコールを生産しつづけます。

このように麹菌を使用した麹は数多くの特殊機能物質をつくるほか，多種にわたる必須ビタミン類を生合成して麹中に残し，また必須アミノ酸やペプチド，ミネラルなども豊富に含んでいます。麹の小さな一粒に400成分もの物質が詰め込まれているというのですから驚きです。そう考えると，もしかしたら「麹」にはまだまだ私たちが知らない，もっともっとすばらしい機能性物質があるのかもしれません。

また，麹は清酒の味と香りを特徴づけたり高めたりするのに一役買っています。

清酒の味を構成する重要な成分であるアミノ酸やペプチド類は，原料の米のタンパク質が麹菌の生産したタンパク質分解酵素プロテアーゼによって分解されて生じ，甘味となるブドウ糖も麹由来のデンプン分解酵素アミラーゼによって米のデンプンからつくられます。このほか清酒の味として重要な有機酸類とグリセリンは発酵の際に酵母によってつくられます。

清酒の味を構成する成分を見てみると，甘味はブドウ糖，オリゴ糖，グリセリン，プチレングリコールなどの糖や多価アルコール，グリシン，アラニン，プロリンなどのアミノ酸で構成され，酸味はコハク酸，乳酸などの酸類，辛味はエチルアルコール，アルデヒド類など，苦味はコリン，チラミンなどのアミンやヒスチジン，アルギニン，バリン，イソロイシンなどのアミノ酸，渋味はチロシンや無機塩が，それぞれの味をもたらしています。この甘味，酸味，辛味，苦味，渋味の五味が清酒ではかなりはっきりと現れ，これもまた麹の作用によるところが大きいです。

清酒特有の香りは，麹菌が蒸米に繁殖して麹ができるとき，蒸米に存在するアミノ酸のロイシンやバリンが麹菌の作用で清酒特有の香気成分の前駆体が生成されて麹中に存在します。これが醪中で酵母に発酵されると，清酒の香気を特徴づけるオキシ酸エステル（ロイシン酸エチルやバリン酸エチル）になるためです。また麹そのもののにおいも清酒に特有の香りをつけているとされています。このような清酒の香気を構成する成分はこれまでに80以上確認され，微量のエステル群が多数存在し，香気構成に大きく寄与しているとされています。ちなみに麹をまったく使わずに酵素製剤を利用した方法で米から清酒を造ると香りが弱いです。

では次に，この「香り」にまつわるある酒の話をしましょう。

みなさんは「吟醸酒」をご存知でしょうか。吟醸酒は当初，販売を目的とせず，鑑評会や品評会（国税庁や各県の醸造試験場，食品試験場主催）で競い合うための「吟味して醸した酒：吟醸酒」でした。よって，酒造家は吟醸酒造りのためには金にいとめをつけず，全力を注いで造っていたのです。そしてこのような経緯をたどる酒が，今日，酒屋で購入できるようになったことは清酒愛好家にとってはとても嬉しい出来事となりました。

では，この「吟醸酒」とはいったいどのような酒なのでしょうか。それは「今日私たちが飲んでいる清酒とはまったく風味が異なる酒」です。吟醸酒には清酒とは思えないようなフルーティー（リンゴやバナナ，メロンなど）な香りがあり，この香りこそが吟醸酒の命になります。この吟醸酒の命である香りのことを「吟醸香」または「吟香」といいます。では，す

吟醸酒の吟醸香はフルーティーな香りがします。この香りの要因のひとつが麹です。しかし，なによりも重要なのは，その香りを出すために原料を仕込む杜氏職人の業にあります。

べての吟醸酒にこの吟醸香があるのかというと，そうそううまく香るものではないのです。吟醸香を出すには，特殊な米を原料にして特別の麹をつくり，超低温発酵を行う必要があるのです。

「特殊な米」とは，酒造りのためだけに栽培された高価な酒造好適米のことで，これを精米に精米を重ね，半量まで磨き上げます。日頃，私たちが食べている米は玄米から約10％程度の糠を精米により除いたものなのですが，吟醸酒は約60％もの糠を除いた高精白米なので，本来，長卵型の米の形は丸い粒に，そして白色ではなくガラスのビーズのように透明になります（普通の清酒の原料米は約30％の糠を除く）（**口絵viページ**）。この米を使用して「特別な麹」である「突き破精：麹菌が米粒のところどころにつき，米粒内部にくい込んでいく」という独特の若麹をつくり，10℃以下というきわめて低い温度で吟醸用酵母により発酵させます。

この特殊な作業工程により吟醸香が賦与されるわけですが，これらはすべて酒造りを行う杜氏の腕にかかっているのです。つまり，品評会などで優秀な成績を収める名杜氏というのは，この吟醸香を立てる高度の職人業をもっているというわけです。そして，この高度な職人技は他人に伝授するということはきわめてまれです。

さてこの吟醸香ですが，最近，生成機構を解明しようとさまざまな研究がなされています。しかしいまだ明らかな結論を得るには至っておらず，ますます神秘に富んだ幻の香りとなっています。ここでも麹の秘めた力が今後どのように明らかになるか楽しみです。

ところで清酒の製麹に使われる麹菌ですが，「国酒・清酒」にちなんで「国菌・麹菌」といわれています。その麹菌であるニホンコウジカビ（*Aspergillus oryzae*）の素顔を次に紹介します。

ニホンコウジカビ

ニホンコウジカビ（*Aspergillus oryzae*）は，コウジカビ属（*Aspergillus*属）のなかでもっとも代表的な菌種で，一般に黄麹菌といわれ，日本を代表する国菌です。デンプン分解酵素力，タンパク質分解酵素力が強く，清酒，焼酎，味噌，醤油，甘酒，味醂などの醸造酒や発酵調味料，発酵食品に広く使用されています。また，タカジアスターゼ生産株として医薬用にも使用されています。

分生胞子の色は，通常，黄緑色ですが，古くなると褐色になります。多種多様の酵素を生産するほか，各種ビタミンも生成し，またコウジ酸やメバロン酸，デフェリフェリクロームのような特殊な代謝物質も生成します（**口絵 iii，iv ページ**）。

麹の豆知識3

微生物の命名法

微生物の命名は国際規則に従って付けられており，カビや酵母は国際植物命名規約IRBN（International Rule of Botanical Nomenclature），細菌は国際細菌命名規約ICNB（International Code of Nomenclature of Bacteria）に従っています。

まず微生物の名前（学名）は，大文字ではじまる属名と，小文字ではじまる種小名（種形容詞）からなっており，正確にはその後に最初に記載した人の名前を書くことになっています。最初の記載者が，菌を分類したときに適当でない菌名を入れた場合，最初の記載者は（　）のなかに表され，後日，新たに同定した記載者をその後ろに付けることとしています。

ニホンコウジカビの正式名は次のようになっています。

属名はラテン語で記し，その菌群をさす実名詞（または実名詞として使う形容詞）になります。種小名は，ある属のなかにある種の性質を示す形容詞であることが大半です。前述しましたが，*Aspergillus* は，その梗子や頂嚢，分生子の頭部の　連の形が「聖水をふりかける灌水器」（Aspergillum）に似ているところから，*oryzae* は最初の記載者 Herman Ahlburg がその菌を清酒用米麹から分離したので「稲」（*Oryzae sativa*）の学名から名付けられました。この菌名はイタリック体で記します。

次に記載者については，最初の記載者 H. Ahlburg は明治 9 年（1876 年），東京医学校（現東京大学医学部の前身）に御雇教師として赴任しましたが，明治11年 8 月 28 日，日光に植物採集に出かけて赤痢にかかり亡くなってしまいました。その後，明治 16 年に同御雇教師 Ferdinand Julius Cohn が Ahlburg の分類に一部手直しを加え改め, Cohn が記載したため正式名が *Aspergillus oryzae* (Ahlburg) Cohn となっています。

2.2 焼酎

写真2.1の落書きは昭和 34 年（1959 年），鹿児島県伊佐市にある郡山八幡神社の改修時に偶然に発見されたものです。この神社は建久 5 年（1194 年）に建立された古い神社で，365 年後の永禄 2 年（1559 年）に社屋改築が行われました。その改築に携わった作次郎と助太郎という者が，棟上げの際に木板に落書きを書いて神社の屋根裏にはめ込んだもののようです。

実はこれ，とても貴重なもので，日本の酒の歴史上，初めて「焼酎」という名前が登場しているのです。つまり，焼酎はこの頃に造りはじめられたであろうと考えられるわけです（蒸留酒を総称して「焼酎」といっていた）。

日本で唯一の蒸留酒である焼酎は，平成 18 年（2006 年）の酒税法改正

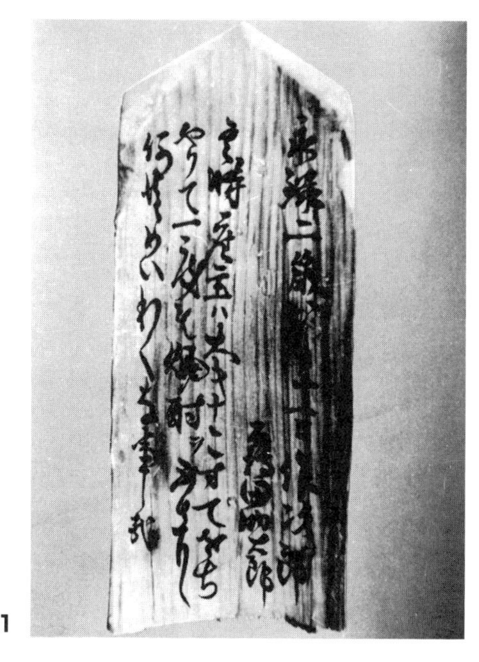

永録（禄）二歳　八月十一日　作次郎
靏田助太郎

郡山八幡神社（伊佐市）から出た落書き
其時座主は大キナこすてをち
やりて一度も焼酎ヲ不被下候
何共めいわくな事哉
（日頃からケチな座主は，（神社改修の間）一度も焼酎を
ふるまわなかった。なんとも迷惑なことである）

写真 2.1

により「連続式蒸留焼酎」と「単式蒸留焼酎（焼酎乙類）」の２種に大別されました。前者は連続式蒸留機(エチルアルコール以外は蒸留されない)で蒸留し，得られた純粋のエチルアルコールを水で薄めたもの，後者は単式蒸留機で蒸留し，エチルアルコールとともに香りのもととなるフーゼル油，エステル類，カルボニル化合物などの微量香気成分も蒸留されてくるので複雑な香気をもつものです。「焼酎乙類」は別名「本格焼酎」と呼ばれてきましたが，平成 14 年（2004 年）に「本格焼酎」に新たな定義が設けられました（**図2.2**）。それは，原料は穀類，イモ類，清酒粕，黒糖（黒糖焼酎は米麹を併用）のほか国税庁長官が指定する 49 の特殊原料（**図2.3**）に限定，麹使用，単式蒸留機で蒸留したアルコール 45度以下，水以外の添加物なしというものです。そして今日，流通している単式蒸留焼酎のほとんどはこの「本格焼酎」になります。

図2.2からもわかるように，単式蒸留焼酎（焼酎乙類）はさまざまな原料が使用されており，バラエティーに富んだ焼酎を楽しむことができます。薩摩（鹿児島）の芋（甘藷）焼酎，米，蕎麦，粟などを原料にした多様な日向焼酎，米を原料とした沖縄の泡盛，球磨（熊本）焼酎，麦を原料とし

単式蒸留焼酎の定義（焼酎乙類）

●連続式蒸留機以外の蒸留機
●アルコール度 45 度以下
●使用できない原料
発芽した穀類（ウイスキー）
果実（ブランデー）
糖質原料（スピリッツ）
※ナツメヤシは
米麹を併用した黒糖除く

本格焼酎の定義
（平成 14 年 11 月 1 日施行）

●アルコール度 45 度以下
●麹使用
●単式蒸留機
●水以外の添加物なし
●現に出荷実績のある
（図 2.3 参照）

図2.2　単式蒸留焼酎と本格焼酎の定義

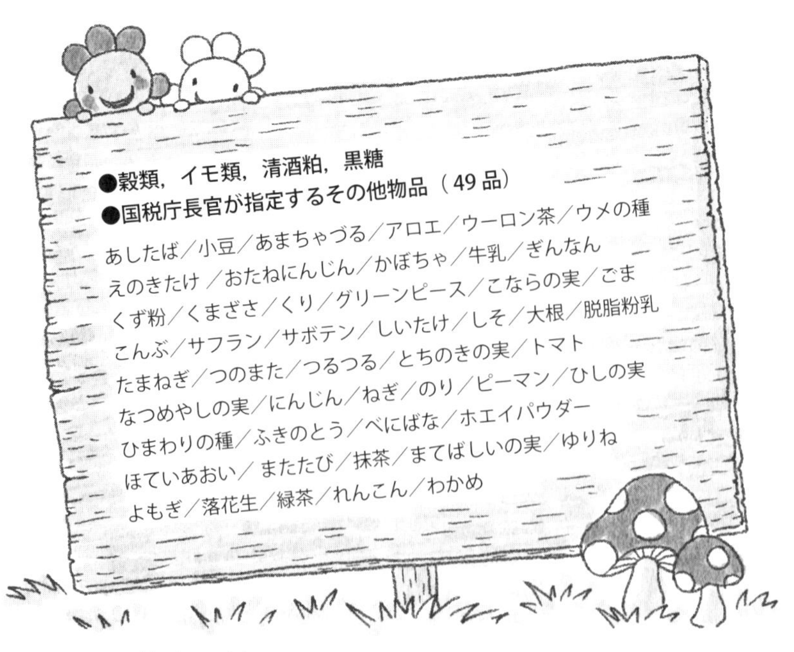

図2.3　本格焼酎の原料

表2.1 単式蒸留焼酎の原料と麹

	主原料	麹
泡盛	米麹	米麹
米焼酎	米	米麹
麦焼酎	大麦，裸麦	米麹または麦麹
白糠焼酎	白糠	米麹
芋（甘藷）焼酎	甘藷	米麹
黒糖焼酎	黒糖	米麹
蕎麦焼酎	蕎麦	米麹
粟焼酎	粟	米麹
トウモロコシ焼酎	トウモロコシ	米麹

た壱岐（いき）（長崎）の麦焼酎，ラムに似た黒糖を原料とした奄美諸島の黒糖焼酎，山形・福島以南に点在する早苗饗（さなぶり）焼酎（清酒のから搾りとられた酒粕を原料とした粕取焼酎。終戦後，粗悪品として出回った密造焼酎カストリと区別するため，また田植えがすみ，その年の豊作を祝う祭「早苗饗祭」に供える御神酒によく粕取焼酎が使われたことからこの名が付けられている）など，ひとつの酒にこんなにもたくさんの種類があるのはとても珍しいことです。そしてこのように多様な焼酎は，日本の伝統蒸留酒だけあって使用される麹はほとんどが米麹です（**表2.1**）。

それでは，焼酎のなかでも代表的な米焼酎と芋焼酎の製造工程を説明しましょう。

まずどちらも原料である米または大麦を洗って蒸し，これに麹菌を撒いて２日間麹菌を増殖し麹をつくります。そしてこの麹を用いて各焼酎を製造します。

米焼酎は一次仕込みと二次仕込みに分けて仕込みが行われます。一次仕込み（一次醪）は**表2.2**に示す配合例の量で米と水を仕込容器に投入し，これに少量の酵母を加え（健全な一次醪を加えることもある），25℃で１週間前後発酵させます。この一次発酵は酵母を多量に集積することを目的とするもので，酒母の意味をもっています。

表2.2 米焼酎仕込配合例

	一次仕込み	二次仕込み	計
麹（kg）	500		500
蒸米（kg）		1,000	1,000
汲水（L）	600	1,800	2,400

表2.3　芋焼酎仕込配合例

原料	一次仕込み	二次仕込み	計
麹（kg）	200		200
芋（kg）		1,000	1,000
汲水（L）	240	560	800

次にさらに大きな仕込容器にこの一次醪を移し，これに蒸米と水を加えて 20～25℃で 15 日前後発酵させるとアルコール分 17～19%，酸度（0.1 規定苛性ソーダ中和量）６～９mLの二次醪ができます。これを減圧蒸留機*で蒸留して貯蔵・熟成させると，あのまろやかな風味をもった美禄ができます。

芋焼酎は米焼酎と同様（配合例の量は**表2.3**），一次醪をつくり，これに潰した蒸芋と水を加えて７～９日，発酵させた二次醪を常圧蒸留機で蒸留して貯蔵・熟成すると製品となります。

焼酎に麹を使う主な目的は，清酒の場合と同様で，原料（米や芋）のデンプンを糖化することです。しかし一方で，焼酎麹は清酒麹と決定的に異なる役割があるのです。これが焼酎造りの大きな特徴になります。

その役割とは，焼酎醪は発酵中，空気中から侵入する有害な菌（雑菌）**を麹が阻止する作用をもっていることです。清酒造りは微生物が静かにしている寒い冬の間に行われるのに，焼酎造りは暑い沖縄や九州で，それも年間を通して醸造されていることから見てもわかるでしょう。その理由は，焼酎麹に含まれる多量のクエン酸***にあります。焼酎麹から由来したクエン酸が醪中に多量に存在すると，その醪は強酸性となり，水素イオン濃度（pH）が低下します。自然界に棲息していて，酒造りに有害な菌（雑菌）は pH 4.0 以下になると増殖困難になるのですが，アルコール発酵を行う

*　単式蒸留機には常圧蒸留機（大気圧下で蒸留）と減圧蒸留機（気圧を下げて蒸留）があります。常圧蒸留機は芋焼酎や泡盛，減圧蒸留機は米焼酎や麦焼酎などの穀類焼酎に使用されます。単式蒸留機は時間や温度により留出する成分が異なるので，それぞれの蒸留機で複雑な香味をもたらします。

**　空気 1 m^3あたり 10 万個の微生物細胞があるといわれ，クエン酸が少ない焼酎醪には酢酸菌や乳酸菌，野生酵母が空気中から侵入やすく，それにより焼酎に臭気をつけたりアルコール発酵を弱めたりという悪さをされてしまいます。

***　クエン酸を生産する麹菌は，次式のようにブドウ糖を酸化させ発酵します。

$$2\,C_6H_{12}O_6 + 3\,O_2 \rightarrow 2\,C_6H_8O_7 + 4\,H_2O$$

クエン酸は右図のような構造式をもつ有機酸で，酸味を感じさせるカルボシル基（−COOH）を３つももつトリカルボン酸なので，顔をゆがめるほど酸味が強いです。

```
      H2C — COOH
       |
HO — C — COOH
       |
      H2C — COOH
```

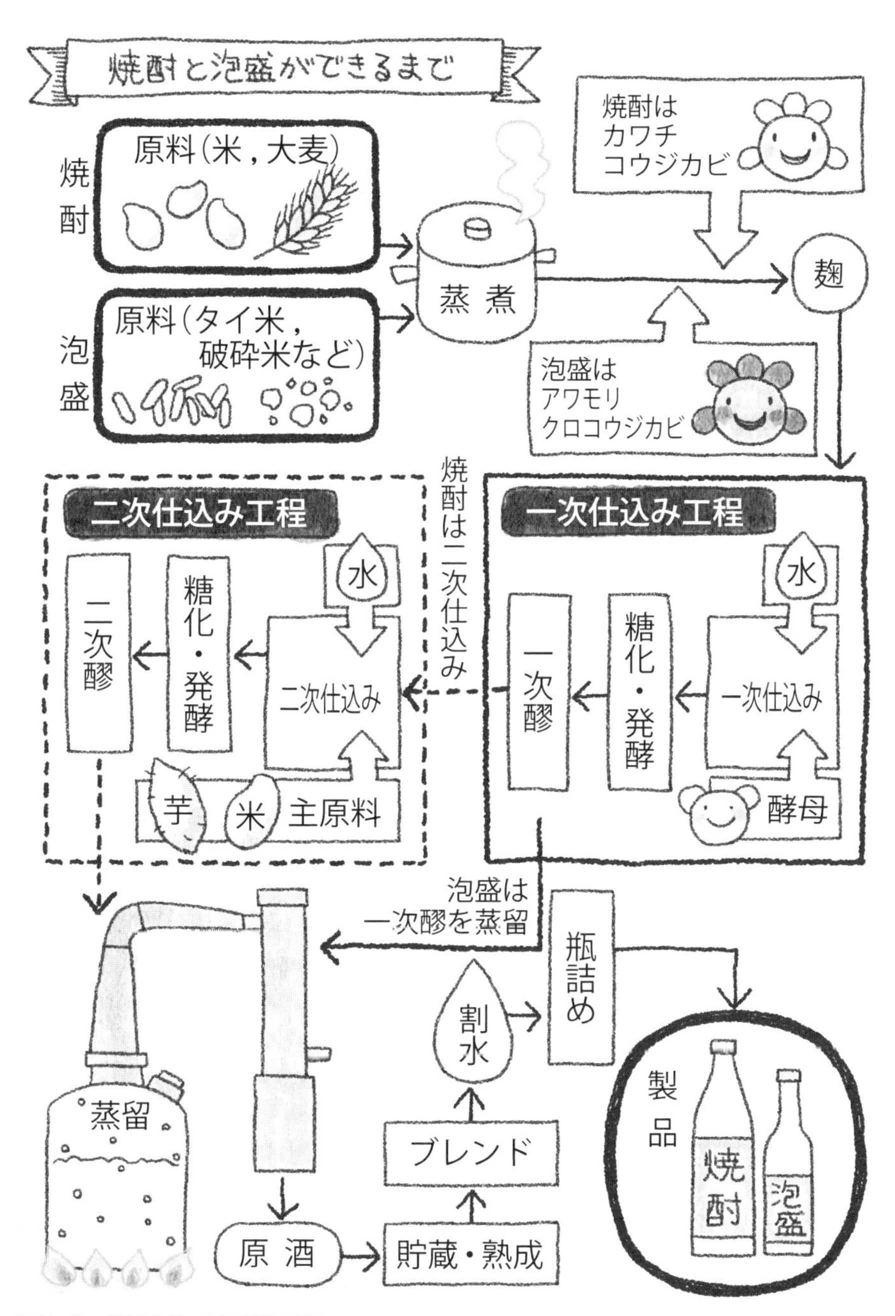

図2.4 焼酎と泡盛の製造工程

酵母は都合のよいことにpH 4.0以下でも平気で発酵します。一次醪でのpHは焼酎麹からのクエン酸溶出でpH 3.1〜3.3，二次醪でpH 3.5〜3.8の範囲にあるので，雑菌の侵入は阻止されると同時に，アルコール発酵を営む酵母だけが淘汰できる理論なのです。そしてその間，酵母は多量のアルコールを醪中で生産するので，いっそう有害な菌の侵入は困難なものとなります。そのうえ，醪中に多量のクエン酸が存在していても，クエン酸は不揮発性酸（揮発できない酸）なので，蒸留の際に出ず，焼酎に酸味がつく心配はまったくありません。

さらに焼酎麹に含まれる糖化酵素アミラーゼは，pHの影響を受けにくく（一般に酵素作用はpH値によってその活性が左右され，pH 3.0以下になると酵素の力価は大幅に低下もしくは停止する），pH 2.8でも影響されずに作用するのでとても上手にできているのです。このように原料の溶解と分解，殺菌侵入の阻止という二大作用を焼酎麹が果たしているほかに，プロテアーゼによるタンパク質の分解に基づくアミノ酸の生成は酵母に栄養源を与えるとともに香気成分の生成に重要な前駆体となっています。

当然，麹由来のビタミン類や無機物は酵母のアルコール発酵力を強めることは清酒の場合と同じです。このように理に適ったはたらきをしてくれる焼酎麹，それをつくる焼酎麹菌について説明しましょう。

元来，日本本土の焼酎用の麹菌には，黒麹菌 *Aspergillus niger*（ニガー）を用いる泡盛を除いては清酒用の黄麹菌 *Aspergillus oryzae* を使用していました。しかし黄麹菌にはクエン酸の生成能力がないので醪段階で腐造してしまうことは珍しくありませんでした。そのため，明治43年（1910年），沖縄の泡盛造りに使用していた黒麹菌 *Aspergillus niger*，*Aspergillus awamori*（アワモリ）（現在 *Aspergillus awamori* は *Aspergillus luchuensis*（リューチューエンシス）に統一されているので，以降「*Aspergillus luchuensis*」）と表記），*Aspergillus usami*（ウサミ）を導入して醪の安全性を高め，品質向上につなげました。

これらの黒麹菌はいずれも多量のクエン酸を生成し，それを麹に多く含ませ，そのうえ酵素力価も著しく高いため理想の菌株でした。しかし胞子が黒色なので，作業員の身体や衣服，機械などを汚すという欠点がありました。ところが大正7年（1919年）に河内（かわち）源一郎氏が黒麹菌を保存しているとき，偶然に菌叢が白色の菌株を見出し，これを純粋分離して種麹をつくり，これで焼酎を仕込んだところ，クエン酸を多量に生成し，酵素力

図2.5 焼酎麹のはたらき

暑い沖縄や九州でつくられる焼酎麹は，クエン酸が多量に溶出してpH 4.0 以下の強酸性となります。この環境は有害な菌にとっては棲息困難な環境となりますが，酵母にとっては棲息しやすい環境となります。

図2.6　アワモリクロコウジカビとカワチコウジカビ
Aspergillus kawachii（カワチコウジカビ：白麹菌）は*Aspergillus luchuensis*（アワモリクロコウジカビ：黒麹菌）の突然変異種です。泡盛には黒麹菌が，焼酎には白麹菌が使用されています。

価も強く，従来の黒麹菌に比べて好成績を収めたが，白麹菌が普及したのは昭和20年以降であった。その後，この白麹菌は黒麹菌の突然変異種であることがわかり，発見者の名をとって *Aspergillus kawachii*（カワチ）（正式な学名は *Aspergillus luchuensis* mut. *kawachii*）と名付けられました。今日では沖縄の泡盛に黒麹菌 *Aspergillus luchuensis* が使用されているのを除いては，ほとんどの焼酎造りにはこの白麹菌 *Aspergillus kawachii* が使用されています（**口絵 iii，iv ページ**）。

次に焼酎麹の製造についてです。清酒と同じように麹蓋法，箱麹法，機械製麹法という方法があるのですが，ここでは麹蓋法について説明します。

原料の破砕米を蒸し，これを均一に放冷し，40℃になったら麹室に引き込みます。この麹米100 kgに対し約100 gの種麹を散布し，よく混ぜ合わせてから床（とこ）の上に堆積し，厚い布で覆います。12～15時間すると蒸米表面に白い斑点（破精）が出ます。ここで堆積していた麹米をきちんとばらし，十分混ぜ合わせ（切返し）ます。切返し後，3～4時間したら麹蓋に麹1.5～2kgを山状に盛り，麹蓋6～8枚重ねて（盛）おきます。以後3～4時間おきに積替え，仲仕事，積替え，仲仕事をくり返し出麹とします。出麹した麹は，破精まわりや破精込みがよく，胞子着生も多く，強い酸味とわずかな味をもつものがよいとされます。

この焼酎麹ですが，清酒麹と若干異なる点があります。清酒の黄麹菌は発育が早いので，前半を低い温度で抑え，後半を高い温度で経過させていくのですが，発育の遅い黒麹菌または白麹菌は立ち上がりが弱いので，前半は高い温度で増殖を図り，後半は温度を下げて，クエン酸の生成を促進させる経過をとっています。

では最後に焼酎麹に関係する麹菌の素顔を紹介します。一般的に泡盛に使用されている黒麹菌アワモリコウジカビ（*Aspergillus luchuensis*）と，かつて使用されていたクロコウジカビ（*Aspergillus niger*）についてです。

クロコウジカビとアワモリクロコウジカビ

クロコウジカビ（*Aspergillus niger*）は胞子が黒色なので*niger*（ラテン語で「黒」の意味）の名が付いており，これで麹をつくると真っ黒な麹ができます。デンプン分解力が強く，アルコール製造の原料糖化に使用され，過去には焼酎製造に使用されましたが現在は使用されておらず，日本醸造学会では麹菌に含まれていません。しかし，クエン酸の発酵力も強く，ブドウ糖から多量のクエン酸を生成する際にも応用されており，さらにグルコン酸，シュウ酸のような酸も多量に生成するので有機酸発酵株として知られている菌です。

アワモリクロコウジカビ（*Aspergillus luchuensis*）は沖縄の泡盛製造に使用される代表的な焼酎用の黒麹菌です。*Aspergillus niger*同様，糖化力，クエン酸の発酵力が強く，泡盛の原料の蒸米上で増殖（製麹）するとき，強くアミラーゼを生成するほか，多量のクエン酸を米麹に蓄積させ，仕込み後の醪のpH（水素イオン濃度）を低下させます。pH低下は雑菌による汚染防止となるため，沖縄のような温暖な土地でも焼酎醪はほかの有害な菌の侵入を受けることなく安全に焼酎を造ることができます。

類似の菌株にサイトイコウジカビ（*Aspergillus saitoi*），ウサミコウジカ

ビ（*Aspergillus usami*），カワチコウチカビ（*Aspergillus kawachii*）などがあります。*Aspergillus saitoi*，*Aspergillus usami* はいずれも菌叢の色は黒褐色なので黒麹菌になります。*Aspergillus kawachii* は前述したとおり *Aspergillus luchuensis* の突然変異種で，菌叢の色は白色なので白麹菌といわれています。

ところで先ほどからよく出てくる沖縄の銘酒「泡盛」について話をしておきましょう。

泡盛は江戸時代に薩摩を経由して入ってきた酒で，幕府への献上品としてとても喜ばれました。そして当時の江戸では，泡盛は遥か遠い南国の酒ということもあり，本土の焼酎の数倍の値で取引される貴重な酒でもありました。

泡盛は，黒麹菌（*Aspergillus luchuensis*）でつくった麹と水のみで仕込む全麹仕込焼酎で，破砕米の黒麹に水を加えて醪を仕込み，15～25日，

麹の豆知識4

古酒（クース）の造り方

泡盛は寝かせるほど熟成が進み，それに伴い，芳香を増し，味もまろやかさになり，コクと深みが増します。これには泡盛ならではの熟成法「仕次ぎ」が欠かせません。

「仕次ぎ」は，まずもっとも貯蔵年数の古い泡盛である親酒（親甕(おやがめ)）を用意します。それから年代順に二番甕，三番甕，四番甕と並べ，二番甕から親甕へ，三番甕から二番甕へ，四番甕から三番甕へ，四番甕には新酒を注(つ)ぎ足していきます。要は汲み出された分の酒を新しい甕から古い甕に入れて酒を活性化させるのです。このようにすることで親酒の風味は損なわれず，古酒を長い間楽しむことができます。

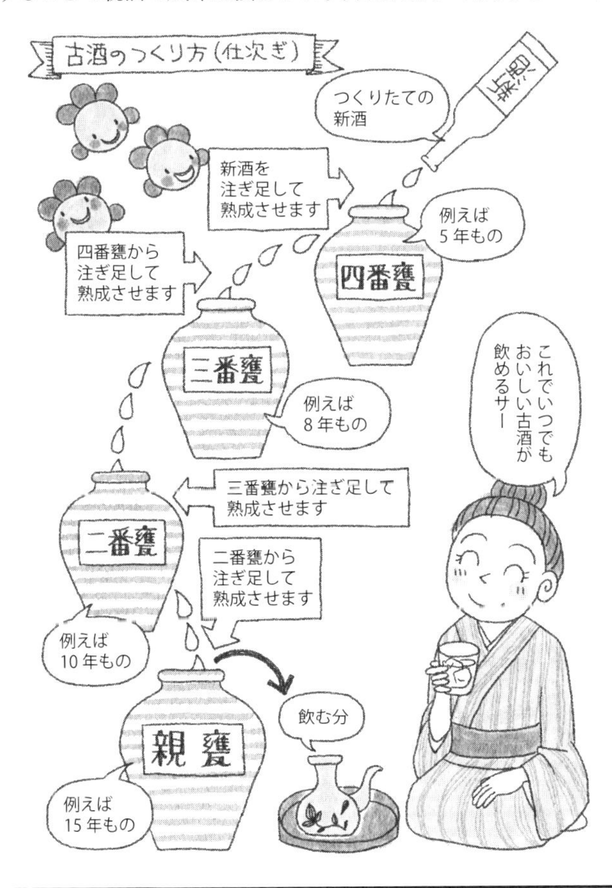

熟成してから銅鍋に入れて直火で蒸留します（最近では吸込式蒸留機も用いる）。蒸留直後の泡盛は特有の異香があり，味も荒いのですが，3年以上貯蔵すると，香り・味ともに優れたものとなり「古酒（クース）」と呼ばれ，珍重されています。このように掛原料（成分の主となる原料）を使わずに麹だけで仕込むので，製品の風味は普通の焼酎よりも濃厚になります。

「泡盛」という名前ですが，その由来は諸説あるといわれています。1つめは，古い文献に「泡盛の原料には唐粉（からこな）（外米の砕米（くだけまい））もしくは粟を普通とす。しかして粟と唐粉折半の仕込み，あるいは粟の仕込み多く，米の仕込み比較的少数なりき」とあるので，粟が由来となっているのではというもの。2つめは，梵語（ぼんご）（古代インドの言語）で酒を「Awamuri（アカマリ）」というところから名付けられたといわれているが，沖縄とインドには密接な関係はなく，単なる言葉の偶然とされているもの。3つめは，昔からよい泡盛ほど香りと味が濃く，そのような泡盛は容器に注ぐとき泡を盛り上げると

図2.7　泡盛焼酎の泡を盛ってアルコール度数を計測

焼酎には高級アルコールなどの起泡性成分があります。これらの成分含量はアルコール度数にほぼ比例しているので，その原理を利用します。2個の猪口（ちょこ）を用意し，ひとつに焼酎を入れて上にし，もうひとつの猪口は上の猪口から40〜50 cm下にもち，上の猪口の泡盛を下の猪口に垂らします。すると泡が立つので，この泡をとり，残った泡盛を一定の割合で定めた水で薄め，再び同じ操作を行います。これを泡が立たなくなるまでくり返し，原酒（焼酎）と割水の量から，もとの焼酎のアルコール度数を決めていました。これは酒精計（アルコール度数計）がまだないときの計測方法で，これを「泡盛」の言葉の由来とする説が有力です。

のいい伝えがあり，実際に昔はこの泡の立ち方で泡盛の品質の良否を決めていた（茶碗に泡をとり，これを次々と別の茶碗に移して，10回以上移しかえてもまだ泡が持続するものを優良品とした）ことに由来するというものです。このなかでいちばん有力なのは，泡の鑑定のための特殊な碗が今でも沖縄に残っていることから3つめの説が有力となっています。

2.3 醤油

第1章で述べたように，醤油の原型「比之保（ひしお）」は約2000年の弥生式文化時代から大和時代にかけて造られたとされています。「比之保」とは塩漬けにした発酵食品で，肉を用いたものを「肉比之保（ししびしお）」，野菜を用いたものを「草比之保（くさびしお）」，魚を用いたものを「魚比之保（うおびしお）」と分類していました。なかでも「肉比之保」が狩猟民族によって最初にできたものをされています。その後，農耕民族により「穀比之保（こくびしお）」ができ，その「穀比之保」のつくり方が欽明天皇（540年）の時代の仏教伝来とともに中国から日本に「醤」として伝わってきました。現に『大宝律令』（大宝元年（701年））には宮内省の大膳職に属する醤院で大豆を原料とする醤が造られていたという記載が残されています。

この中国から伝来してきた「醤」から「未醤」ができ，「未醤」から日本固有の「味噌」ができ，その味噌桶に溜まった汁が室町時代に造られたといわれている溜醤油（たまりじょうゆ）の発祥とされています。なお，日本の文献で初めて「醤油」の記載がされたのは安土桃山時代の『易林本節用集』（慶長2年（1597年））になります。

江戸時代になると，江戸は海が近いので魚を食べる機会が多く，魚の生臭みをなくすために濃口醤油が生まれ，江戸中期には料理の色を淡くするために淡口（うすくち）醤油が造られ，懐石料理などに使用されて関西の食文化をつくり上げました。このほかにも用途に応じて再仕込み醤油（別名 甘露醤油），白醤油などが生まれました。現在では健康志向から減塩醤油や醤油に出汁を加えた醤油加工調味料が販売されています。そして今や醤油は「soy（ソイ）

sauce（ソース）」として世界の調味料のひとつとなっています。

次に醤油の製造工程について説明しましょう。基本的に醤油は大豆，小麦，食塩，水を原料としていますが，種類によって製造工程は異なります。

まずはもっとも生産量が多く，一般的な濃口醤油の製造工程についてです。濃口醤油は原料の大豆と小麦を等量使用しますが，ここでの大豆は醤油醸造用に加工した脱脂加工大豆を使用します。大豆は湯を撒いて水分を吸収させたのち，蒸煮し，小麦は炒って砕きます。この大豆と小麦を混合（両味混合）し，種麹を撒いて麹室に入れ，40時間かけて醤油麹*をつくります。この醤油麹に汲水11〜13水（麹の量の1.1〜1.3倍の食塩水）を加えて仕込み，諸味（もろみ）をつくり，6か月，発酵・熟成させます。発酵・熟成後，諸味を圧搾して生揚醤油を搾ります。この生揚醤油を数日間放置して油と醤油を分離し，油を除去して調製します。調製後の醤油は火入れをして澱（おり）を沈殿後，濾過し，製品となるよう酒精（エタノール）を加えるなどして製品とします。この濃口醤油とほぼ同じ製造工程なのが淡口醤油と再仕込み醤油になります。異なる点は，淡口醤油は発酵・熟成後に甘酒を加えること**，再仕込み醤油は仕込みの際に食塩水ではなく生揚醤油を使用します。

次に溜醤油についてです。溜醤油はもっとも古い歴史をもった醤油で，主に愛知・三重・岐阜の東海三県で生産されています。原料のほとんどが大豆で，小麦はその1割程度になります。この原料の大豆と小麦を混合し，麹菌を撒いて味噌玉麹をつくります。そしてこの味噌玉に汲水6水を加えて諸味をつくります。汲水が濃口醤油に比べて半量と少ないので，諸味は固く，撹拌できません。よって諸味に穴を掘り，その穴に溜まった醤油を諸味にかけるという作業（汲み掛け）をくり返し，1年，発酵・熟成させます。熟成後，諸味に溜まった生引溜（きびきだまり）と，諸味を圧搾した圧搾溜を調合して調製し，火入れして製品になります。

＊　昔は醤油麹づくりに種麹は使用せず，大豆と小麦を混合して麹室に入れ，室中に棲息している麹菌によって麹をつくったり，前回できあがった麹（友麹）を一部とっておき，これを種麹として使用していました。常に種麹が添加されるようになったのは明治37年（1904年）に野田醤油がはじめてからとされ，以後，全国で純粋かつ優良な醤油麹ができるようになりました。

＊＊　淡口醤油は甘酒を加える以外にも色が淡くなるために次のような工夫をしています。
①脱脂加工大豆の使用を多くする。②淡口用麹菌を使用する。③汲水の濃度を高くし，量を増やす。④諸味の撹拌回数を減らし，品温を低くする。⑤発酵・熟成期間を短くする。⑥生揚醤油を低温で貯蔵する。⑦火入れの着色を少なくする。

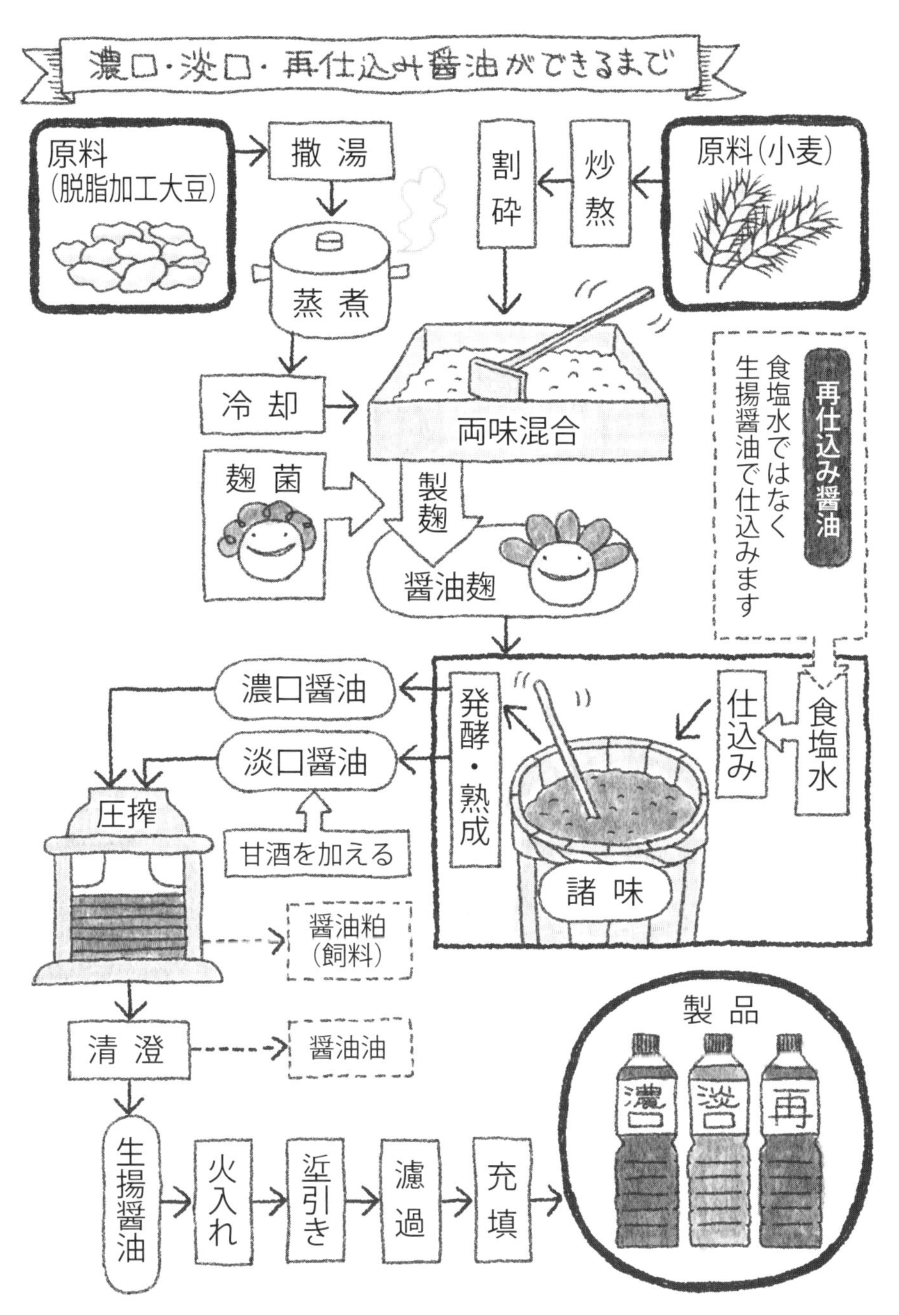

図2.8　濃口・淡口・再仕込み醤油の製造工程

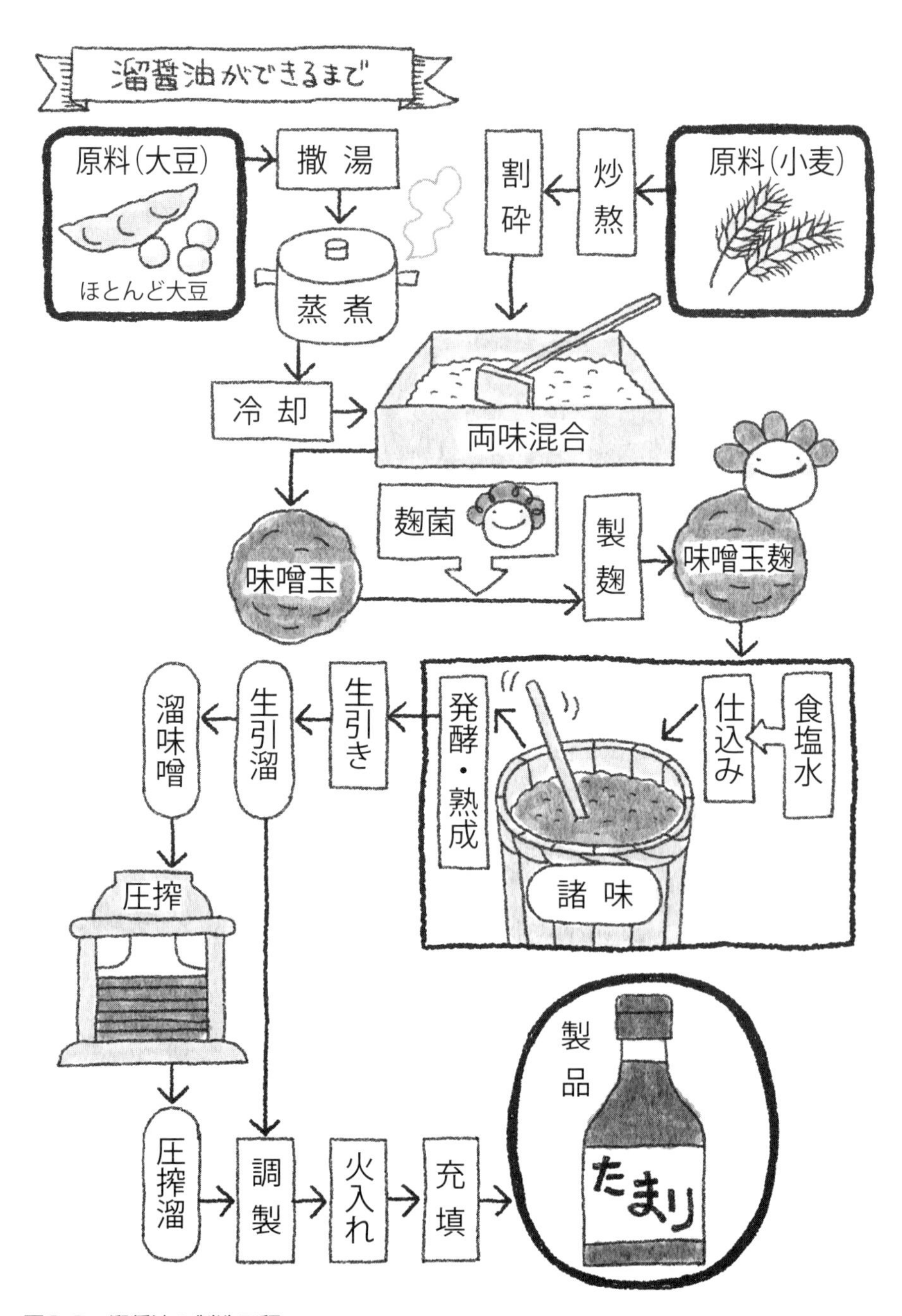

図2.9　溜醤油の製造工程

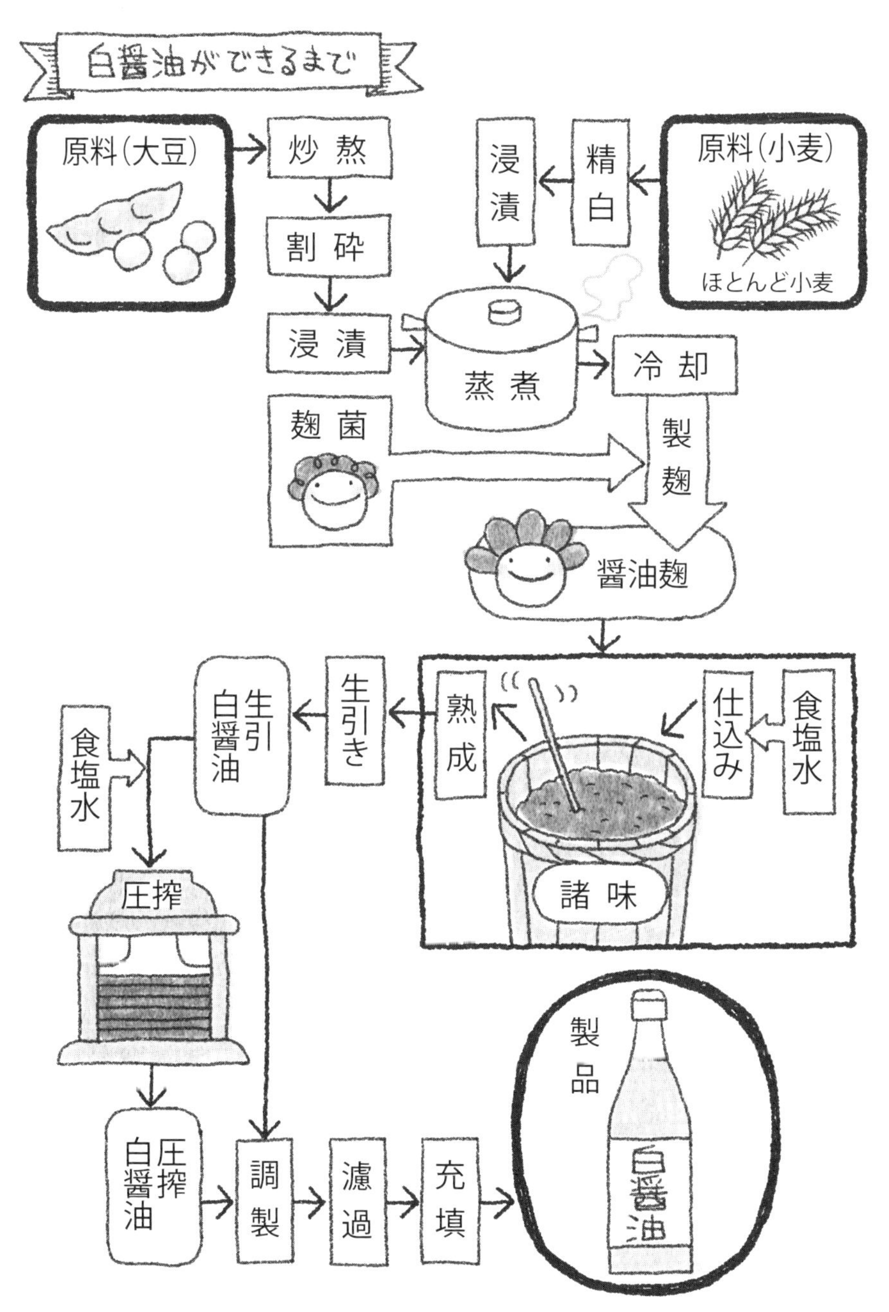

図2.10　白醤油の製造工程

最後に白醤油についてです。主な原料は小麦で，大豆はその１割になるかならないかの量になります。濃口醤油と同様の作業を行いますが，大豆のみ割砕後，皮を除去します。原料の小麦と大豆を混合後，蒸煮して冷却し，麹菌を撒いて種麹をつくります。白醤油も淡口醤油同様，着色が淡いので汲水の濃度を高くして仕込み，諸味を３か月，熟成させます。白醤油の場合，微生物発酵は行われず，麹菌の酵素により分解が行われます。熟成後，諸味に溜まった生引白醤油を分離し，諸味を圧搾した圧搾白醤油とともに調製し，濾過して製品になります。

これらの醤油の特徴は次のとおりです（**口絵 v ページ**）。

濃口醤油：澄んだ赤い褐色の液体で，香りと味ともにバランスがよい。関東を中心に使われており，日本の醤油の８割を占めている。

淡口醤油：濃口醤油に比べて色が淡くて香りが軽い。味は塩味がやや強くまろやか。塩分が濃口醤油よりも高い。食材の持ち味を活かす調味料で，関西の食文化には欠かすことができない。兵庫県龍野生まれ。

溜醤油：色が濃く，とろっとして濃厚。刺身醤油として最適。

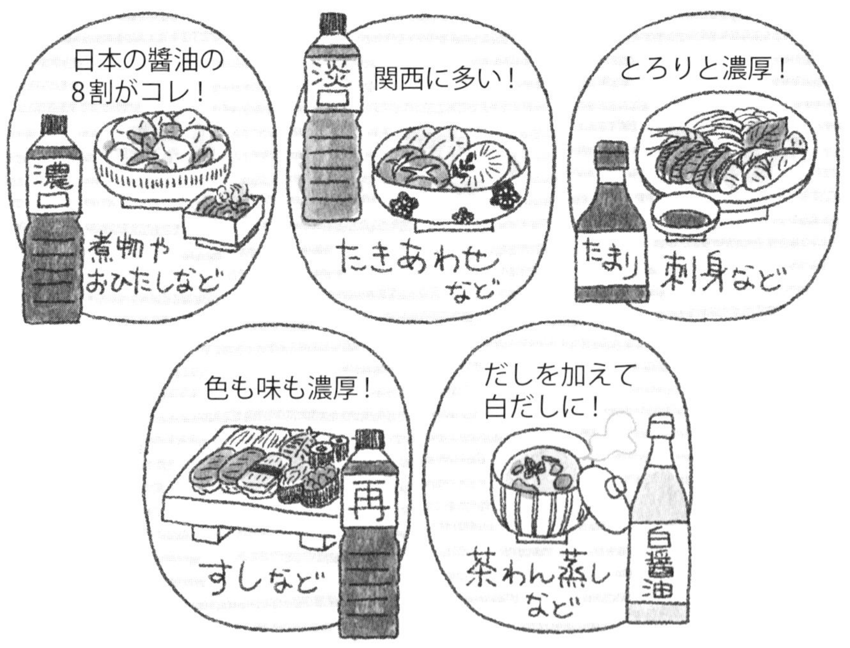

図2.11　各醤油の特性

再仕込み醤油：色も味が濃厚でおいしい。刺身やすしに使用される。山口県柳井生まれ。

白醤油：淡口醤油に比べ色が淡く，味は淡白。甘味が強く，独特の香りをもっている。一般家庭では出汁を加えた醤油加工調味料「白だし」として使用されていることが多い。愛知県碧南生まれ。

これらの醤油における麹の役割については1.2.2項で述べたように，主な役割はタンパク質分解酵素プロテアーゼによるタンパク質の分解で，その作用により生成したアミノ酸やペプチドが醤油の旨味と香りを賦与し，そして，アミノカルボニル反応（糖とアミノ酸の反応）により醤油特有の色が生成されるなど，醤油麹から溶け出す酵素や栄養素は発酵にかかわる乳酸菌や酵母に効果的な賦活剤として複雑多岐な機能を果たしています。

その醤油麹をつくり上げる麹菌は，大正2年（1913年）に喜多源逸博士が溜醤油および八丁味噌（いずれも大豆麹を原料として仕込んだ醤油，味噌）から分離して *Aspergillus tamarii Kita* と命名，その後，昭和19年（1944年）に坂口謹一郎博士らが *Aspergillus sojae* と命名し，現在に至っています。

次にこの醤油麹に使用される麹菌ショウユコウジカビ（*Aspergillus sojae*）と，かつて溜醤油や溜味噌の麹菌として使用されていたタマリコウジカビ（*Aspergillus tamarii*）の素顔を紹介しましょう。

ショウユコウジカビとタマリコウジカビ

ショウユコウジカビ（*Aspergillus sojae*）の *sojae* は，大豆soya（＝soy）beanからきた語であることからもわかるように，醤油（soy sauce）麹や味噌麹に使われる代表的な黄麹菌です。*Aspergillus oryzae* に形態がとてもよく似ていますが，*oryzae* はデンプン分解酵素力が強いのに対し，*sojae* はタンパク質分解酵素力が強いため，タンパク質原料を主体とする味噌や醤油の醸造に用いられ，原料に含まれる多量のタンパク質を分解し，旨味の主体となるアミノ酸やペプチドを蓄積させます。

タマリコウジカビ（*Aspergillus tamarii*）は，かつて溜醤油や溜味噌の製造に使用されていましたが，現在はほとんど使用されていません。これもまたタンパク質の分解力がとても強いです。

2.4 味噌

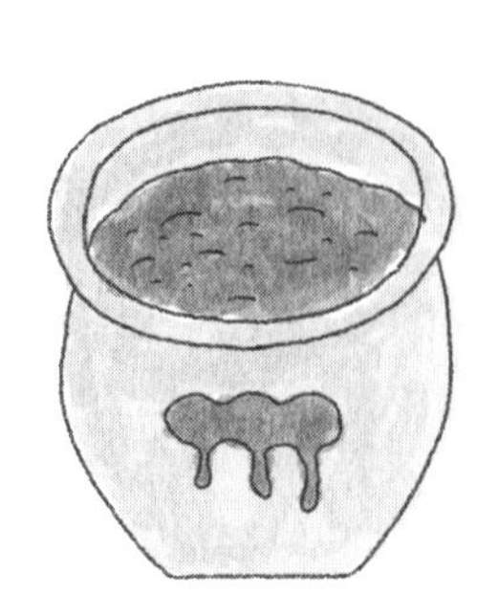

第1章で述べたように，味噌は，大宝元年（701年）の『大宝律令』の「大膳職」に「未醤（みしょう）」という文字が登場し，これが「未醤→未曽→味噌」と移りかわったといわれ，「未だ醤油にならない一歩手前の固形物」が味噌になり，「噌」の文字は日本で創られた文字であることから日本で創製された嗜好物であろうといわれています。そしてその後，土地の気候や風土に見合ったかたちで独自に変化し，日本各地にさまざまな味噌を生み，現在に至っているとされています。

味噌は現在，みそ品質表示基準により「みそ」および「米みそ」「麦みそ」「豆みそ」「調合みそ」の定義が定められていますが，分類としては**表2.4**に示すとおり，原料により，米味噌（米を麹にした米麹と大豆と塩），麦味噌（大麦や裸麦を麹にした麦麹と大豆と塩），豆味噌（大豆を麹にした大豆麹と塩），調合味噌（米味噌，麦味噌，豆味噌を混ぜ合わせたもの，

表2.4　味噌の分類

原料による分類	味による分類	色による分類	配合		醸造期間	産地	主な銘柄
			麹割合	塩分（%）			
米味噌	甘味噌	白	15～30	5～7	5～20日	近畿地方，岡山，広島，山口，香川	白味噌，府中味噌，讃岐味噌，西京味噌
		赤	12～20	5～7	5～20日	東京	江戸甘味噌
	甘口味噌	淡色	10～20	7～12	20～30日	静岡，九州地方	相白味噌
		赤	10～15	11～13	3～6か月	徳島	御前味噌
	辛口味噌	淡色	5～10	11～13	2～3か月	関東甲信越・北陸地方，その他全国各地	信州味噌
		赤	5～10	11～13	3～12か月	関東甲信越・東北地方，北海道，その他全国各地	仙台味噌，北海道味噌，津軽味噌，秋田味噌，会津味噌，越後味噌，佐渡味噌，加賀味噌
麦味噌		淡色	15～25	9～11	1～3か月	九州・四国・中国地方	
		赤	8～15	11～13	3～12か月	九州・四国・中国・関東地方	
豆味噌			全量	10～12	5～24か月	愛知，三重，岐阜	八丁味噌
調合味噌	米味噌・麦味噌・豆味噌を混合したものや，米麹と麦麹のように複数の麹を混合して醸造したもの						

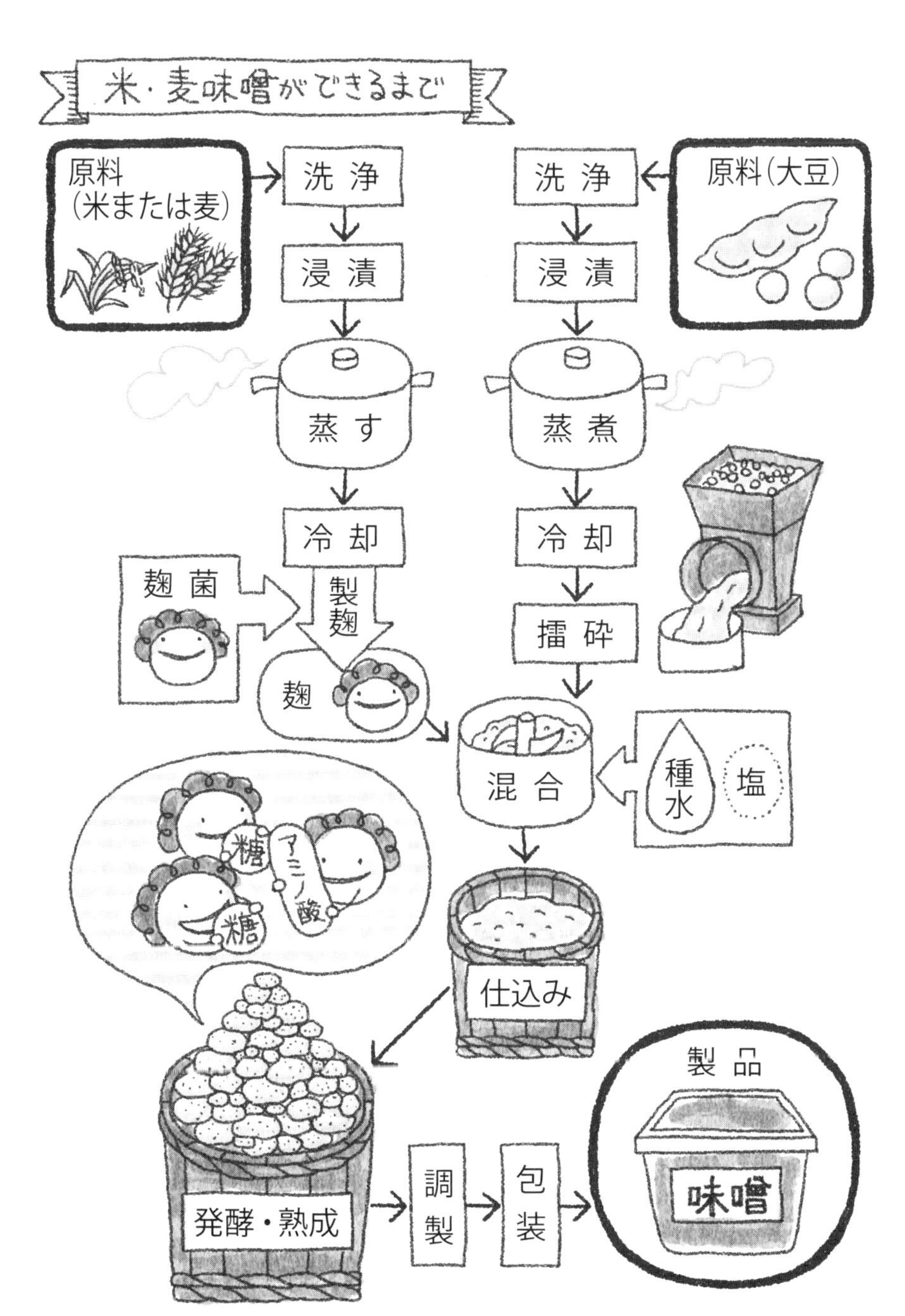

図2.12 味噌の製造工程

図2.13　豆味噌の製造工程

もしくは米麹と麦麹など麹を混ぜ合わせたもの）の4つに大きく分けられます。

米味噌においては甘味噌，甘口味噌，辛口味噌の味の違いがあります。これは麹と塩の割合によるもので，甘いものは麹の割合が多くて塩分が低く，辛いものは麹の割合が低く，塩分が高いです。また色も白色，淡色，赤色があり，この違いは醸造期間によります。このように原料をはじめ，味や色などは地域によって異なり，日本各地にはさまざまな味噌が存在しています。

図2.12は味噌の製造工程を示したものです。基本的に米麹や麦麹，大豆麹の製造工程や麹の役割は醤油製造の場合とほぼ同じです。使用する麹菌は*Aspergillus oryzae*, *Aspergillus sojae*ですが，一般的に*Aspergillus oryzae*が多く使われています。かつて豆味噌には*Aspergillus tamarii*も使用されていましたが，現在は使われていません。

これらの味噌のなかでも異彩を放つのが，愛知・三重・岐阜の東海三県で生産されている豆味噌です。

豆味噌は大豆を原料としており，大豆に塩を加えて大豆麹（味噌玉という）をつくり，それを仕込んで発酵・熟成します。とても栄養価に富み，渋味や酸味が強く濃厚で，色も味噌のなかではいちばん濃い赤黒色をしています。別名「溜味噌（たまりみそ）」「八丁味噌（八丁とは地域名）」とも呼ばれています。

この味噌麹に使用する麹菌ですが，前述した清酒用の麹菌であるニホンコウジカビ（*Aspergillus oryzae*）と醤油用の麹菌であるショウユコウジカビ（*Aspergillus sojae*）になりますので，ここでの紹介は省略します。

2.5 米酢

醸造酢には清酒酢（さかず），米酢，酒粕酢のような日本風のものや，麦芽酢，リンゴ酢，ブドウ酢のような西洋風のものなど，数多くの種類があります。米麹を用いる酢は米酢（清酒酢や酒粕酢も麹使用の酢）で，これは日本古来のものになります。

日本で酢が初めて造られたのは応神天皇（369～404 年）の頃で，中国から伝来してきたといわれています。和泉（いずみ）の国（現在の大阪市南部）で造りはじめられたことから「いずみ酢」といわれていました。大化の改新(645年）後は宮廷に造酒司（さけのつかさ）が置かれ，酒や醤などとともに宮廷用に酢が造られるようになりました。酢が一般の人たちに供され，生業となったのは江戸時代に入ってからで，江戸中期には数軒の酢屋が京阪江戸で商いをしていました。明治時代になると新しい製造技術が導入され，量産されるようになりました。

日本における酢の用途は，主にすし，酢の物，酢漬けといった伝統的な和食の味付けに使用されていますが，現在では洋食化に伴い，ドレッシングやマヨネーズの副原料としても使用されています。また食酢は保健的機能性が高いとされ，発酵食品のなかでも健康食品として注目されています(詳しくは 4.4 節)。

それでは，米麹を使用した酢，米酢の製造工程について話をしましょう。米酢は白米，外米，砕米などを原料とし，その蒸米の一部で米麹をつくり，この米麹とは別に蒸米および温湯を混ぜ，50～60℃で 10～12 時間程度で米のデンプンをブドウ糖にします（糖化)。次に糖化されたものに酵母を加えて 15～20℃で３～５日，アルコール発酵させ，このアルコール発酵液を 30～35℃にして種酢（酢酸菌を純粋培養したもの）を加えて１～３か月，酢酸発酵させたのち，さらに２～３か月，熟成させて濾過し，仕込み時の酸度を1.5%以上に調製して製品とします。

図2.14 米酢の製造工程

米酢は前述のようにアルコール発酵後に酢酸発酵を行うのが一般的ですが，なかにはアルコール発酵と酢酸発酵を同時に行う並行複発酵を行うこともあります。また仕込みにおいても清酒のような段仕込みを行うと原料利用率も高くなり，芳香ある醪ができ，品質が向上しますが，一段仕込みもしくは二段仕込みが普通です。

米酢の用途としては，やはりすしが最適です。

麹の豆知識5

酢と酒は兄弟？！

食酢は英語で「vinegar（ビネガー）」といい，その語源はフランス語「vinaigre（ビネグル）」に由来します。この「vinaigre」の「vin」はフランス語で「wine（ワイン）」を，「naigre」は「sour（サワー）（酸っぱい）」を意味し，このことからもわかるように酢は酒からできています。このほかにも古代中国においては酢を「苦酒」という文字で記し，日本でも「からさけ」といっていました。

また実際の製造工程からもわかるように，酒に酢酸菌が加わると酢酸発酵をして醸造酢になるのです。双子の兄弟であったはずが年の違う兄弟になる・・・という不思議な現象が起こるのも発酵食品の魅力のひとつです。

その酢酸菌の正体とは？

エチルアルコール（エタノール）を酸化して酢酸をつくる細菌を総称して酢酸菌といいます。酢酸菌の特徴は，形状が楕円または短桿で，高温・高塩になると形状が変化して球状や糸状など，伸びたり分かれたり丸まったりします。好気性をもち，アルコールを含む液において表面に膜をつくるかたちで繁殖します。酢の醪から分離される酢酸菌としては *Acetobacter aceti*（アセトバクター アセチ）, *Acetobacter pasteurianus*（パストリアヌス）などがあります。

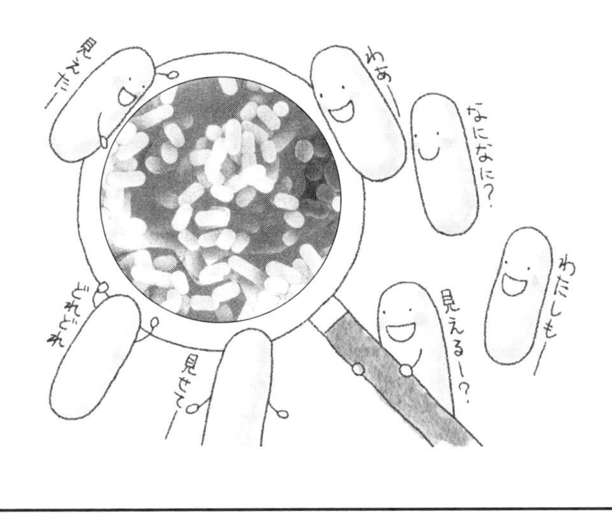

ではここで1つの壺のなかで酢ができる不思議な酢「黒酢（黒玄米酢）」についての話をしておきましょう。

食酢のなかでも日本の黒酢(鹿児島県霧島市福山町周辺では壺酢という）は，1つの壺のなかで糖化，アルコール発酵，酢酸発酵が行われる，中国伝来の原始的な古い醸造法で造られる酢で，世界でここでしか見ることができません。その黒酢の製造工程は次のとおりです。

壺に麹，蒸米，水，振り麹（振り麹となる乾燥麹は仕込み当日もしくは翌日に液表面に浮かせるようにして入れる）を順に入れ，日当たりのよいところに置きます。すると，麹菌が繁殖し，振り麹が厚い蓋のようになります。すると蓋の下で糖化とアルコール発酵の並行複発酵が行われ，振り麹蓋が壺の側面から沈み，酢酸菌の膜が張られ，酢酸発酵が行われます。半年くらい熟成すると褐色になり，熟成時間が経つほど色が濃くなります。黒酢には独特の風味と香りがあり，酸味もやわらかいので食酢が苦手な人にでも受け入れられ，健康志向の面でも黒酢が飲まれるようになっています。

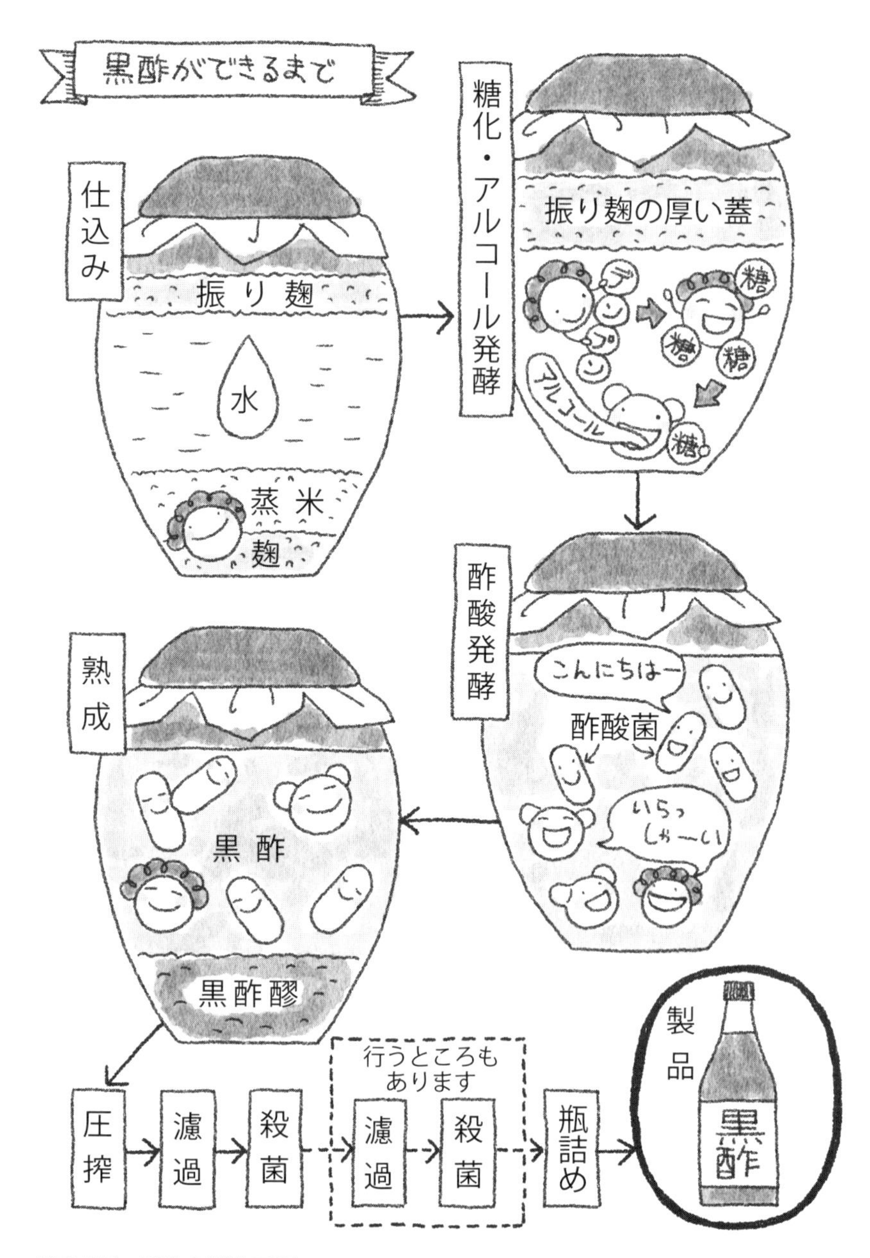

図2.15　黒酢の製造工程

2.6 味醂

味醂(みりん)の主な原料は，もち米，米麹，焼酎（またはアルコール）です。45%以上の糖分と11〜14%のアルコール分を含む，濃厚で甘味のある酒類調味料（混成酒類に属す酒類）です。昔は美醂，蜜醂酒，蜜醂酎，味醂酎とも書かれていました。『守貞漫稿』では「京坂夏月には夏銘酒柳陰(やなぎかげ)と云を専用す，江戸本直(ほんなお)しと号し，美醂と焼酎とを大略半々に合せ用ふ。本直し，柳蔭とも，ともに冷酒にて飲む也」とあり，京や大阪では柳蔭，江戸では本直しといって飲用にも用いられていた（屠蘇(とそ)など）ようです。そして前述のほかにも江戸で蕎麦つゆや鰻の蒲焼きのたれとしても使われていたとの記述もあり，この頃，一般の人々にも調味料として受け入れられたと思われます。

味醂が造られるには原料である焼酎がなければ成り立たないので永禄2年（1559年）以降ということになります。文字として初出したのは『駒井日記』（1593年）の「十一月三十日三位法印様蜜醂酎御酒御進上被成之由御諚申上」です。そのルーツを辿ってみると，中国，朝鮮，琉球などの外来船が盛んに出入していた博多方面で多く造られたことから，それらの国々の影響を受けたものだろうと推測されますが，中国や朝鮮には黄麹菌を使用した醸造法はなく，日本で創製されたものとの見方が有力です。

現在，主な味醂の産地は愛知県三河地方ですが，これは知多半島が江戸時代，伊丹や灘，池田に次ぐ清酒の銘醸地であって，ここで出た酒粕を三河に運び，それを原料として粕取焼酎が造られ，その焼酎を用いて味醂が造られたという伝統的な歴史があるためです。

表2.5と**図2.16**に味醂の仕込配合（原料の割合）例と製造工程を示します。味醂の成分や品質は仕込配合によって大きく異なります。一般的に麹歩合は10〜30%，焼酎歩合は60〜80%，使用する焼酎（アルコール）は35〜45%になります。麹歩合を10%にして酵素剤を使用することもあります。その場合，酵素剤使用量は総白米重量の1/1,000以下とされています。

製造法は，原料である米を蒸煮し，うるち米は麹菌を撒いて米麹をつく

表2.5　味醂の仕込配合例

原料	味醂１	味醂２
うるち米（kg）（麹米）	200	200
もち米（kg）	2,000	1,000
焼酎（L）	1,500	720

麹歩合（%）=（麹米（kg）/総米（kg））×100
焼酎歩合（%）=（焼酎（L）/総米（kg））×10

り，米麹ともち米と焼酎を混合し仕込みます。味醂に使用される麹菌は黄麹菌 *Aspergillus oryzae* になります。清酒用よりもアルコール存在下で酵素作用を必要とするので，アミラーゼ，プロテアーゼともに力価の高い麹菌が使用されます（アミラーゼ 37.5℃，プロテアーゼ 32.5～35℃が生産効率がよい）。仕込み後１週間前後で醪が乾燥してくるので櫂棒で撹拌し，20～30℃，40～60日で糖化・熟成させます。

熟成後，固液分離を行うため圧搾します。固体の味醂粕は「こぼれ梅」と呼ばれ，漬物や菓子に使用されます。液体は滓（おり）（液体容器の底に残っているもの）があるので貯蔵して上澄部と沈殿部に分離し（滓下げという），上澄液を濾過して調製し，火入れ殺菌し，再度熟成をして製品とします。味醂もまた貯蔵（熟成）期間により着色度が増していきます（**口絵 vi ページ**）。

味醂における麹の主な役割は，清酒同様，蒸米に増殖した麹菌がそこでデンプン分解酵素アミラーゼを生産し，米のデンプンを分解してブドウ糖にすることです。このほか米由来のタンパク質をタンパク質分解酵素で分解し，旨味の主な成分アミノ酸にするとともに，タンパク質の沈澱物を主な原因とする混濁物質を分解して清澄させる作用も麹菌がもっています。

この味醂製品には，糖類使用みりん，純米みりん，長期熟成みりんの３種類があります。糖類使用みりんが市場の８～９割を占めており，調理の際のかくし味や照り出しとして煮物や焼物などに広く使われています。長期熟成みりんは料理やラム酒の代用品として菓子に使われています。このほか屠蘇（とそ）などの薬酒にも使われています。最近では，みりん類似調味料として，みりん風調味料，発酵調味料というものもあります。

味醂製品の一般成分は，アルコール13～14%，酸量 0.09%，アミノ酸 0.1～0.3%，糖分 40～42%，エキス分（不揮発性成分）42～46%になります。

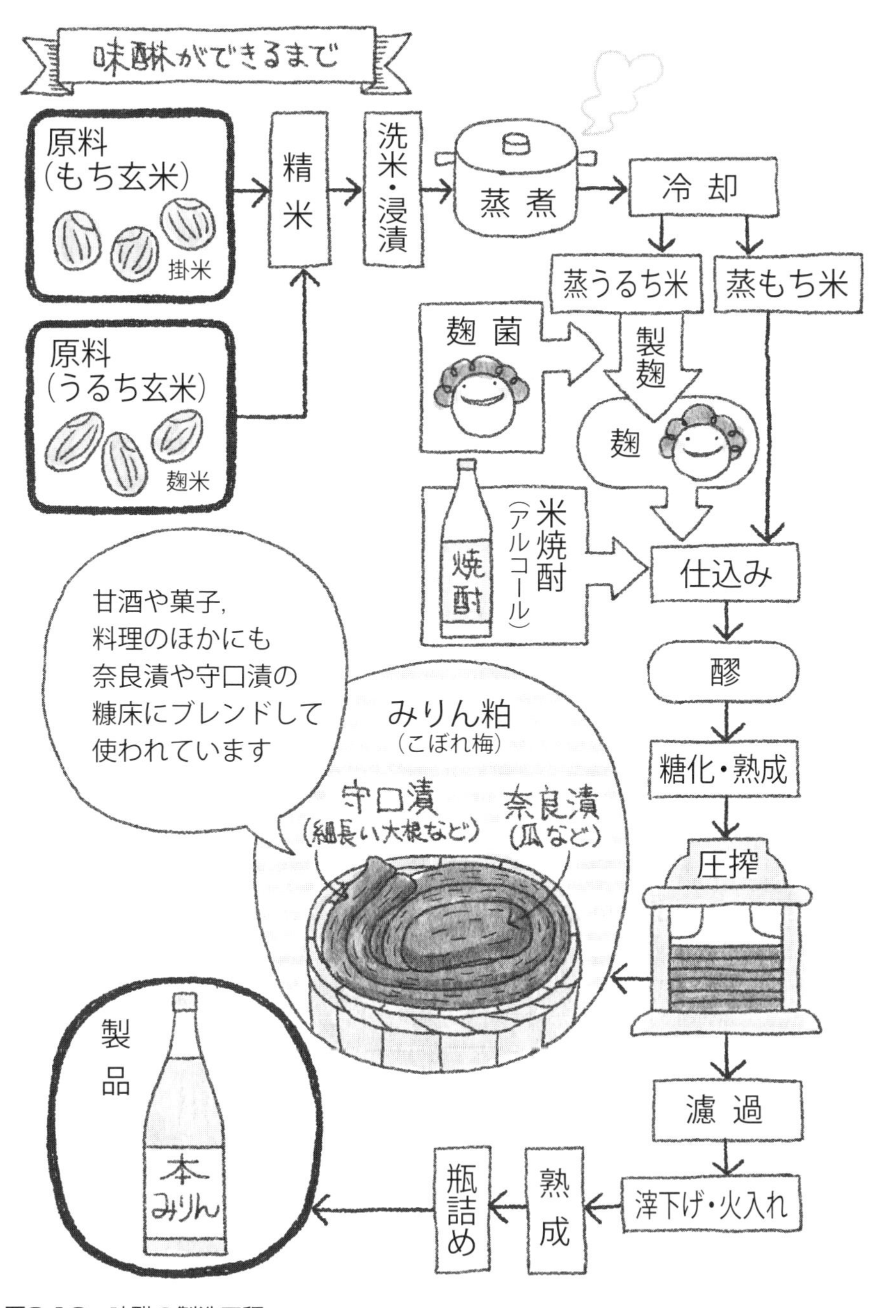

図2.16　味醂の製造工程

みりん風調味料は糖濃度が55％以上でアルコールが１％未満，発酵調味料は食塩を加えて発酵した醸造物に原料を添加したアルコール10％前後のものになります。よって，みりん類似調味料は酒類ではありません。

2.7 漬物・飯鮓・熟鮓

2.7.1 漬物

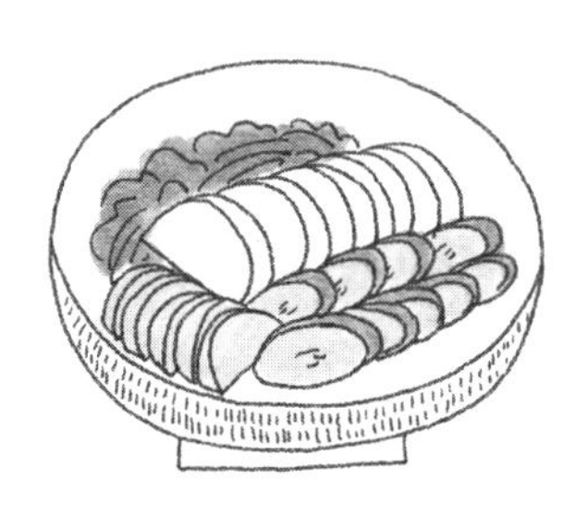

漬物に使用される野菜が食塩や砂糖などの溶液に触れると，野菜の細胞構造が破壊されて細胞の内側に食塩などが入り込み，野菜に含まれる糖分やアミノ酸などと混ざって漬物独特の風味をつくり上げます。この「漬かる」状態になったものに糠床などに含まれる乳酸菌が乳酸発酵を起こして乳酸菌*を生成させたものを乳酸発酵漬物といっています。漬物にはこの乳酸発酵漬物のほかに，漬かった野菜をそのまま食べる浅漬け，食塩20％以上の野菜にして保存性を高めた古漬けの３つがあります。

漬物に関する記述は『延喜式』第三十九巻の「内膳」の部にあり，ナズナ，ワサビ，セリ，アザミ，フキ，イタドリなど春菜漬14種，ウリ，大根，茄子，ミョウガなど秋菜漬35種（いずれも塩，味噌，醤（ひしお），酒粕などに漬け込んでいる）の乳酸発酵漬物に関するものがあります（乳酸発酵漬物でもっとも多いのは糠（ぬか）みそ漬）。

このように漬物にはさまざまな種類があることがおわかりいただけるかと思います。そこでここでは麹を使った代表的な漬物である大根麹漬（べったら漬）と茄子（なす）の麹漬け，千枚漬，三五八（さごはち）漬，三升（みます）漬などを紹介します。

べったら漬は，江戸時代中期より江戸を中心に漬け込まれた東京名産の甘味のある高級な大根の麹漬けで，「古くは滝野川産の九日（クニチ）ダイコンをサメの皮でこすって甘みを染み込みやすくしたのが東京産，ほとんど砂糖を

＊　漬物の乳酸菌にはさまざまな属や種類があり，その数は30を超えます。漬物に含まれる主な乳酸菌は *Lactbacillus plantarum, Lactbacillus brebis* などです。整腸作用があり，免疫力を向上する効果があります。

使わず塩味の麹漬けが和歌山産とわかれていましたが，大正以降，全国的にみの早生，大蔵，理想ダイコンを甘く漬ける現在のかたちになりました」という文献もあります。

べったら漬

べったら漬という名前は，麹と砂糖を使って漬けた「べとべととした漬物」から付けられたとされています。江戸の人たちは，このべったら漬をご飯のおかずや酒の肴にはほとんど使わず，主にお茶請けとしてデザート的に食べていました。ですからとてもおしゃれな漬物といえます。

つくり方は，原料の新大根（美濃早生，宮重種など）を均一に剥皮（はくひ）し，すぐに6～10％の食塩水に2～3日漬け込み（粗漬け（あらづけ））ます。次に漬汁

麹の豆知識6

東京・日本橋で毎年10月19, 20日は江戸時代からつづく「べったら市」が開催！

毎年10月19，20日に東京・日本橋の大伝馬町付近の路上に立つのが「べったら市」です。これは江戸時代からの習わしになっています。もともとは翌20日の夷講（えびすこう）のための夷像や大黒像，魚や野菜などを売る市でしたが，ここで麹漬けの甘い大根を売ったのが繁盛して「べったら市」が生まれました。江戸の時代は，このべったら漬を縄で縛ってぶら下げて「べったら，べったら」と叫びながら人ごみを歩き回り，着飾った女性たちがそのべったら漬をつけられては大変！と，キャーキャーいって逃げるのを喜ぶような風習があったといいます。そして陰暦でこの日はべったら漬の口開け日であったので，町はとてもにぎわったということです。さながら今でいうボジョレーヌーボーの解禁日?!のような状況だったのかもしれません。

を捨て，大根を丁寧に並べ，再び6％程度の食塩水に2～4日漬け込みます（中漬け）。中漬け後，本漬けに入ります。大根65 kgに対し米麹6～7 kg，砂糖4～6 kg，食塩450～500 gを加えて（若干の味醂あるいは人工甘味料や調味料を加えることもある）漬け込み，7～10日で出荷します。べったら漬における米麹は，デンプンをアミラーゼで糖化して甘い味にするほか，米麹の旨味や微かに甘い麹の香りを大根に移すなどの役割

茄子の麹漬け

を担っています。大根のほかにもカブや白菜なども漬け込まれます。

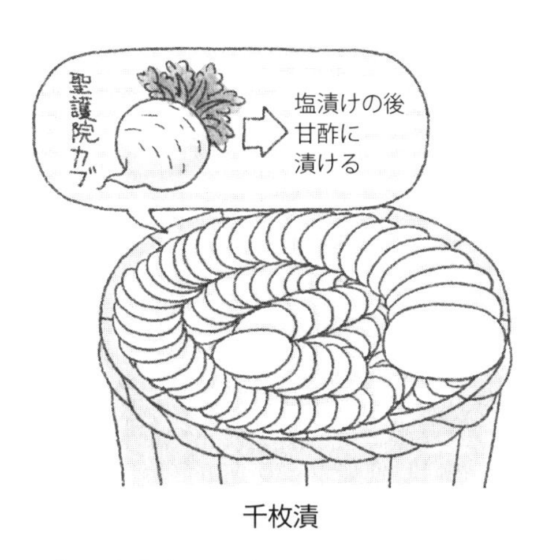

千枚漬

茄子の麹漬けは，粗漬け7日程度の茄子を切断し（小茄子のときは丸ごと），十分に漬汁を切ってから本漬けします。粗漬け茄子100 kgに塩18 kg，米麹50 kg，唐辛子15本，グルタミン酸ソーダ130～150 gが本漬け込みの配合例です。粗漬けせずに酒粕に漬けた茄子を使うこともあります。

千枚漬はカブラ（蕪）の漬物の一種です。主に京都が産地で，漬け込まれるカブは京都の聖護院カブになります。つくり方は，原料カブの剥皮し，特製かんなで2 mm前後ぐらいの厚さにスライスし，薄塩で3日間下漬けしてから甘酢漬けにしたものです。書くと一見簡単そうに思われるかもしれませんが，実際つくるとなるとかなり難しい漬物です。

まず漬樽の底に昆布を敷いて味を出し，味醂2升と麹1升とを合わせて一度煮立たせてから冷却したところへカブをトランプを広げるようにきれいに1枚ずつ並べ，1週間漬けます。樽出し直後の風味は格段ですが，しばらくおくと味が変わってしまうので，なるべく新鮮なうちに早く食べてしまうのが好ましいです。このカブラ漬の超豪華版が北陸地方（石川県や富山県）にみられる「カブラ寿し：カブに新鮮なブリ（鰤）の身を挟んで麹漬けしたもの」で，逸品です。

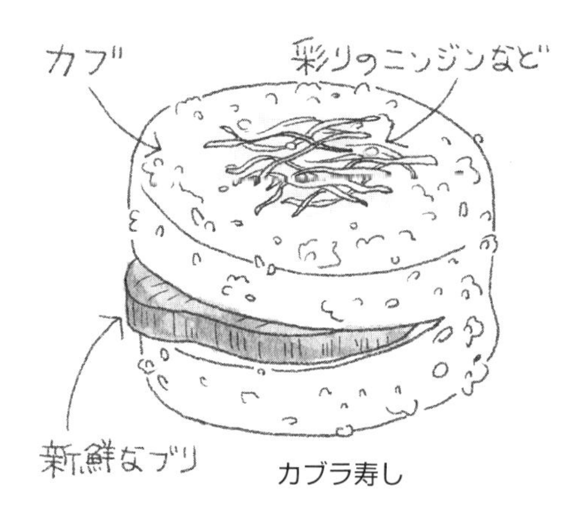

カブラ寿し

三五八漬は東北地方で有名な漬物です。三五八とは，塩3容，米麹5容，米8容の割合の甘酒様の漬床を意味し，これに野菜や畜肉，水産物を漬けた漬物を三五八漬といいます。しかし，この昔の容量でつくる

漬床は現代の味覚に合いません。漬物の第一人者で宇都宮大学名誉教授の前田安彦先生によると，塩 150 g，米麹 219 g，蒸米 1,125 g（うるち米 540 g）（二・三・八漬）の配合がよいとのことです。ただし現在は乾燥した三五八漬の漬床が配合されたものが販売されており，それに水を加えれば誰でも漬床ができるので，三五八漬をとても簡単につくることができて便利です。

ちなみにこの漬床のつくり方ですが，蒸米が 70℃になったら米麹を加え，60℃の恒温器に 12 時間入れて米麹を糖化させます。そこに食塩を加えて 12 時間経過したものに材料を漬けます。材料としては，ナス，ダイコン，キュウリ，カブ，ニンジン，ピーマン，セロリ，ミョウガ，ショウガ，ウドなどの野菜はもちろんのこと，肉や魚もおススメです。米麹のほんのりした甘味と適度な塩加減があり，美味です。

私は福島県小野町出身なのですが，近くの郡山市では，秋祭りにカツオの切り身を三五八に一晩漬け，焼いて出します。こうすることでカツオの生臭みが消えるとともに漬床の旨味がカツオにのり，とんでもないほどおいしい焼き鰹（がつお）になります。一度試してみてください。豚肉も 2 日間くらい漬けると，豚の味噌漬に負けず劣らずおいしくなります。

このように三五八漬はさまざまな食材を漬けることができ，一大ブームを起こした塩麹（塩と米麹と水を発酵・熟成させたもの）のはじまりといわれています。そう考えると，三五八漬の漬床，塩麹ともに米麹が生み出した万能調味料といえるのではないでしょうか。

また同じ東北・北海道には，三五八漬のほかに三升漬というおいしい漬物があります。三升漬の名前の由来は，青唐辛子と醤油，米麹を各１升ずつ使用し，合計３升になることから付けられました。青唐辛子は種をとって輪切りにし，漬け込み用の甕に青唐辛子，米麹，醤油をそれぞれ同量ずつ入れて混ぜ合わせ密閉し，１年ぐらいして味が熟れてきたら食べ頃です。この三升漬ですが，そのままなめ味噌のようにして酒の肴にするほか，ほかほかの温かいご飯にかけて食べるのがおススメです。青唐辛子のピリっとした辛さと米麹の上品な甘さ，そして長い発酵・熟成期間によって生まれたにおいなどが複雑に絡まり合って迫ってくるので，ご飯がどうしても止められないほどの食欲が出てきます。そして，この三升漬を布で搾って得ることができる醤油状のたれをおひたしや冷奴（ひややっこ），刺身醤油にするとこれまた絶品です。

このほか麹漬けは白菜や大根などを使用したものが全国に見られますが，変わったところで東北地方に糸引き納豆と米麹（もしくは三五八漬床）を合わせて漬け込んだ「納豆麹漬」があります。つくり方は，納豆と米麹を同量ずつ入れて混ぜ合わせ，2日間置きます。三五八を使用した場合は，

まろやかな甘みと塩加減が納豆とよく合い，食が進みます。それになんといっても納豆と合わせると栄養価が高くなるのでおススメです。

2.7.2 飯鮓・熟鮓

麹漬けは野菜だけではなく魚介類にも多くみられ，酒の肴やご飯のおかずとして重宝されてきました。それは一般に「飯鮓（いずし）」と呼ばれ，魚を塩でご飯や米麹とともに漬け込み，発酵させたものです。飯鮓のなかでも鮒鮓（ふなずし）(ニゴロブナを使用したもの）が代表的なものになります。フナのほかにハタハタ，鮭（サケ）のような海水魚を使用し，昆布，ニンジン，カブのような具とともに米麹で漬けたものが東北の日本海岸や北海道の一部で多くみられます。この飯鮓を長期発酵・熟成させたものを「熟鮓（なれずし）」と呼び，酒客にとても珍重されています。

飯鮓の原型は中国や東南アジアに古くから伝承されていたもの（タイの「パーハー」という食べ物がその原型とされ，「臭い」という意味をもつ鮓の一種）で，日本にも古い時代に流入してきたとされています。紀元前4～3世紀に成立したとされる中国最古の辞書『爾雅（じが）』（周代から漢代にかけてのさまざまな経典や諸経書を採録，解説した書）には，すでに「すし」の記述があり，それによると「鮓（さ）」が魚の貯蔵品，「鮨（し）」が魚の塩辛，「醢（かい）」が肉の塩辛で，その素材にはコイやソウギョ，ナマズなどの川魚，

シカ，イノシシ，ウサギ，山鳥などの肉が使われていたとされています。このことからも，すしの元祖は魚や肉の漬物とされ，今日，私たちがもつ，すしのイメージとはまったく異なったものだったといえるでしょう。日本においては718年（養老２年）の『養老令』に「鮓」のことが記されており，このことからも古い食べ物であったことがうかがえます。

では，飯鮓・熟鮓の代表的な鮒鮓のつくり方について解説しましょう。４～６月頃の産卵前のニゴロブナの鱗と鰓をとり，卵以外の内臓を除去し，水洗いします。鰓から腹腔内に食塩を詰め込んでフナと塩を交互に桶に詰めて塩漬け（塩きりともいう）します。７月の土用の頃に塩漬け後のフナを水洗いし，日陰干しします。日陰干ししたフナの鰓から卵を押し込まず潰さないよう気を付けて塩を混ぜたご飯を詰め，そのフナと塩を混ぜたご飯を交互に桶に詰めて漬け込みます（本漬けというが，飯漬けともいう）。本漬け後，上に落とし蓋と重石を置いて発酵・熟成させ，正月頃から食卓に出します。もしまだフナの骨が硬いと感じるようであれば，暖かくなって発酵が進む春以降まで置き，再度発酵させるとよいでしょう。漬け込んでいる間，桶のなかで何が起こっているのかというと，まず乳酸菌がご飯に作用して乳酸をつくり，ご飯と魚全体を酸っぱくしてpH（水素イオン指数）を下げ，防腐効果を保たせます。それと同時に魚のタンパク質の一部がご飯のタンパク質分解酵素によってアミノ酸に変わり，旨味を増します。そしてこの乳酸発酵初期から中期にかけプロピオン酸や酪酸菌が発酵し，鮒鮓特有の強烈な臭みを出します。この鮒鮓がじっくり漬け上がったところで包丁を入れて適した厚さに切って，やや紅がかかった黄金色の卵巣とともに身を少し口に入れると，その奥行き深い味とにおいが日本人であることの喜びをしみじみと感じさせてくれるのです。

食べ方としては，清酒や赤ワインなどの酒の肴としてはもちろんですが，ほかほかのご飯の上に薄く切った鮒鮓を３～４枚のせ，その上にネギやショウガ，ワサビなどの薬味や昆布，海苔などを添え，熱い煎茶をかけていただくお茶漬けもおススメです。

さて，この飯鮓・熟鮓，大陸から海を渡って日本に入ってきたわけですが，日本海の食文化と切っても切れない古くて深い関係にあります。その証拠に，魚介（例えば，鯖，鱒，鮭など）を発酵させてつくる伝統的な食べ物の多くは日本海沿岸にみられ，種類も圧倒的に多いことからもわかり

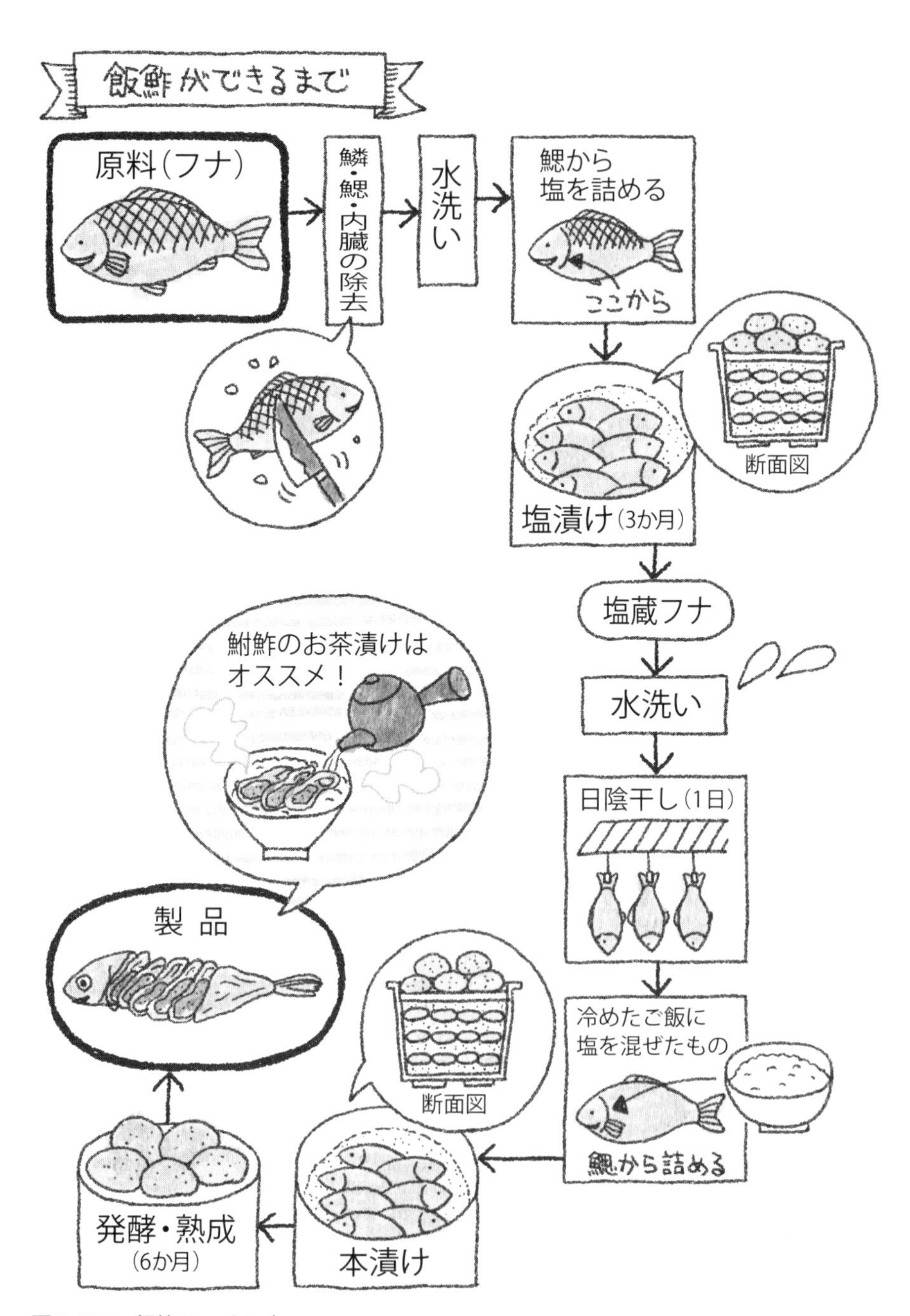

図2.17　飯鮓のつくり方

ます。前述した近江の鮒鮓も，もとをたどれば日本海から鯖街道を通ってきた日本海の食文化のひとつです。

ではここからは，これまで私が食してきた全国に点在する魚介類の麹漬けについて話をしましょう。

北海道では北海道を代表する魚，ニシンの漬物がとても多くみられます。なかでも「ニシンの切り込み」という漬物は簡単につくれて美味なので家でときどきつくります。材料は新鮮な生ニシン1匹と米麹50 g，赤唐辛子1本，塩，酒です。ニシンは鱗をとって三枚おろしにして端から1 cmぐらいに切っていきます。米麹はあらかじめ湯で溶いて粥状にし，赤唐辛子は筒切りにします。蓋のある広口瓶にニシン，米麹，赤唐辛子，塩大さじ2，酒少々を入れて密閉し，1～3か月経ったら食べます。塩辛状になったニシンの旨味とコクがたまらなくうまいです。また「ニシンの大根漬」も美味な酒の肴です。干し大根に塩をして重石をし，塩漬けにしたものに身欠ニシン，米麹，赤唐辛子を混ぜて本漬けしたもので，大根にも身欠ニシンの旨味がのっています。

北海道にはこのほかにニシン鮓，サケを原料にした鮓，ホッケ鮓，タラ鮓など，魚の麹漬けが豊富に存在しています。

サケで思い出しましたが，サケの漬物は北海道に限らず北日本のあちこちに点在しています。例えば，福島県伊達市の「紅葉漬」は，紅(べに)ザケの身を米麹と塩で漬け込んだもので，味は甘じょっぱく，漬かることでサケから出る旨味がなんとも奥深いです。またサケの紅色と麹の白い色により色合いもきれいな漬物です。紅葉漬の名前の由来は，紅葉の時期に阿武隈川を遡上するサケを使用することから付けられています。

北海道にはこのほかに意外に知られていませんが，新鮮なマダラの真子（卵巣）と米麹の塩辛があり，これもまた乙な味です。真子

図2.18　北海道のニシンの切り込みのつくり方

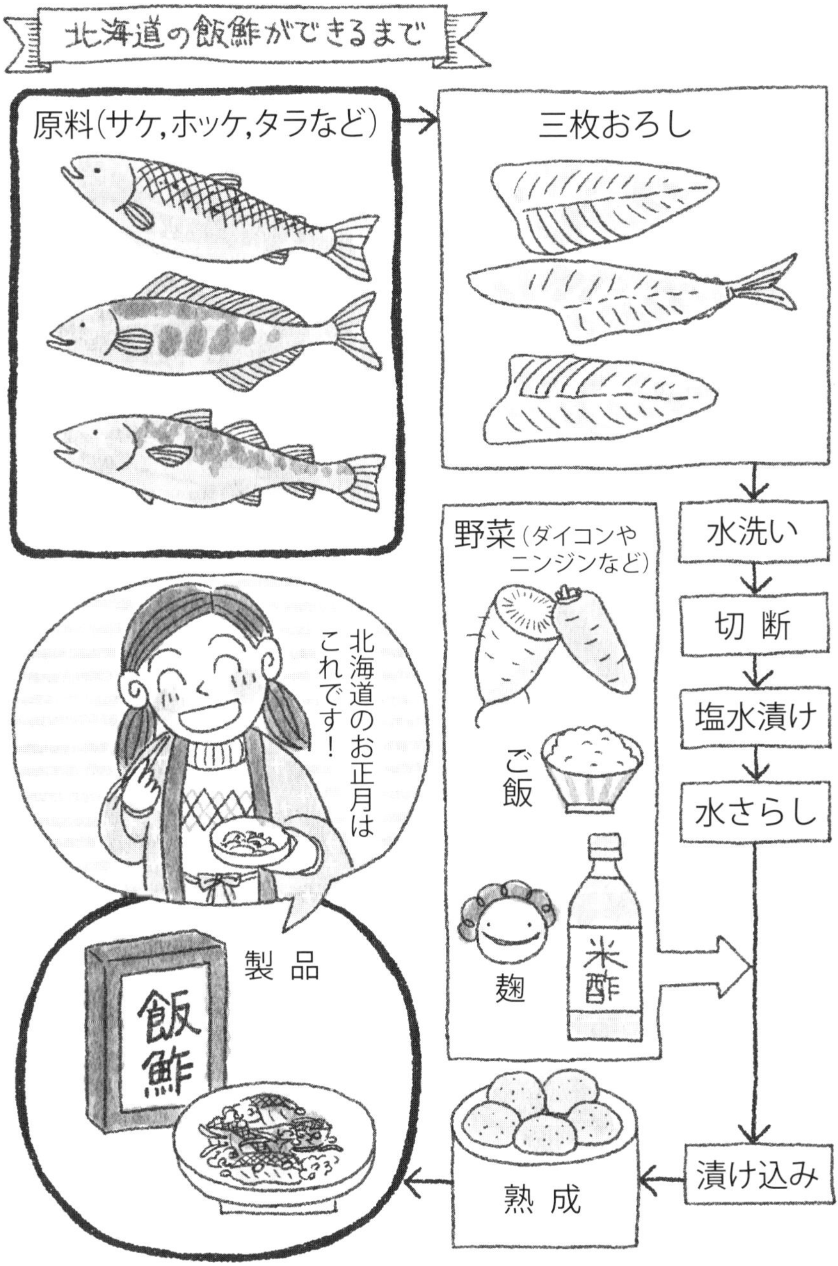

北海道の飯鮓ができるまで

原料(サケ,ホッケ,タラなど)

三枚おろし

水洗い

切断

塩水漬け

水さらし

野菜(ダイコンやニンジンなど)

ご飯

麹

米酢

漬け込み

熟成

製品

飯鮓

北海道のお正月はこれです!

図2.19 北海道の飯鮓のつくり方

に真子の重量の３割ぐらいの塩と２割ぐらいの米麹を加えて漬け込み，４～５日おいて熟成したもの，もしくは少し塩をきつくして漬け込み，長期間発酵・熟成をさせたもので，これもまた酒の肴になります。このとき，マダラの真子だけではなく，ヒラメやスケトウダラの真子も販売していたら購入し，ともに混ぜ合わせた塩辛もとても美味です。

また小樽の酒場で食べさせていただいたニシンの白子（精巣）の麹漬けも誠に美味でした。昔は大量につくられていたようですが，今では知る人ぞ知る魚の漬物とのことです。この「ニシンの白子漬」は，白子を飯麹（炊いた飯と米麹の混合物），酒，塩，ダイコンの薄切り，ニンジンのみじん切りで漬け込むもので，いわゆる飯鮓タイプの醸し方でつくります。まず白子に塩をして，重石をのせて一晩おきます。それを水洗いして水気を切り，酢に５時間ほど漬けて身を〆ます。米麹にはご飯を混ぜ合わせておき（飯麹），ダイコンの薄切りとニンジンのみじん切りを用意しておきます。漬桶には笹の葉を敷いて飯麹を入れ，その上に白子を並べ，白子の上にダイコンの薄切りとニンジンのみじん切りを白子に被せるようにしておき，その上にまた笹の葉を敷いて，飯麹を入れてをくり返し漬け込んでいきます。最後はいっぱいの笹の葉で被って蓋をし，重石を置いて漬け込み作業を終えます。漬け込み期間は 10 日です。

このほか北海道には「タラの親子漬」というスケトウダラの切り身を塩漬けにしてから水で洗い，酢に漬けてスケトウダラの卵粒をまぶしたものや，「モミジ子」と称するスケトウダラの卵の塩漬品などもあります。

秋田県には「ハタハタ鮓」があり，これもまたとても美味でした。米麹と卵を抱えた子持ちハタハタ，ニンジンなどの発酵食品で，昔から秋田の名物とされています。古くからの漬け込みの配合は，子持ちハタハタ 15 kg，白米３升（4.2 kg），

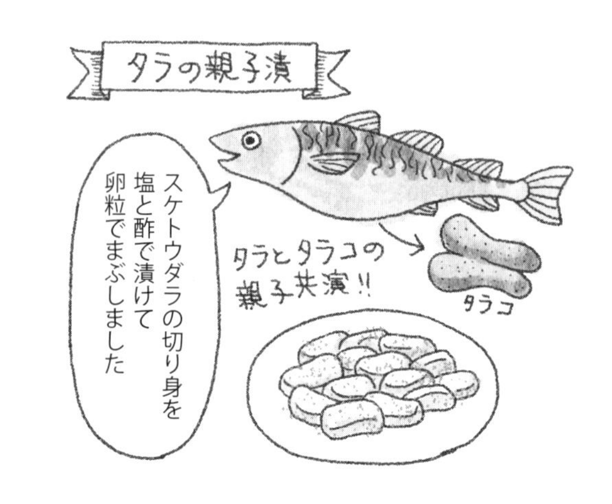

塩7合（約1 kg），米麹1.5升（2.7 kg），カブ7.5 kg，昆布400 g，ユズ中5個，酢2合（0.35 L），味醂少々，笹の葉，わら，ほかにキク，コショウ，フノリなどを入れます。

ホヤが名物の宮城県では，ホヤの内臓と筋肉の塩辛が酒の肴にとても適していますが，ホヤとこのわた（ナマコの腸），米麹などとともに漬け込んだ「ばくらい（莫久来）」という奇妙な名前の珍味もたいそう美味です。名前の由来は，ホヤの形が機雷に似ていていることから「機雷→爆発→ばくらい」となったそうです。

北陸にあった「カズノコの甘露漬」は，真子が格安であった頃を象徴するかのような豪快な漬物でした。乾燥カズノコ山盛り1升を醤油1升，酒1升，麹1升の割合で混ぜ合わせたなかへ漬け込み，鼈甲（べっこう）色になったものを賞味しました。この漬物は，乾燥したカズノコをぬるま湯で素早くゴシゴシとたわしで洗ってからすぐに漬け込み，決して水に浸けて戻さないことが漬け方の秘訣です。漬け込んだら，密閉して20日ぐらいしたらお茶請けや酒の肴にします。北陸にはまた「イカの麹漬け」もあって，酒の肴にピッタリです。

石川県輪島市では「サザエの糀（こうじ）漬け」に出合いました。サザエの身を一度塩漬けしてから麹に漬け込んだもので，これもまた酒の肴に絶品でした。このほか「フグの粕漬け」もとても印象に残っています。また意外にも知られていないのがサバの卵巣の珍味漬「さばの子漬け」です。一般には「宝漬け」という名前で石川名物として売られています。原料は5～6月に漁獲されたサバで，傷がなくて色沢と鮮度がよい卵巣です。卵巣は血液や汚物を除き，よく洗浄して水切りします。卵巣に対し25〜30％の塩量を撒いておき，３〜４日後，小石で軽く圧し，３〜４か月，発酵・熟成させます。涼しくなった秋の10月頃に塩漬け中に浸出してきた塩汁で卵巣を洗い，その卵巣を布袋に入れて圧搾，脱水します。それを漬樽の底に厚さ３〜４cmぐらいに並べて甘酒を注ぎ，刻んだ唐辛子を散らして味醂を注ぎます。次にシソの葉で卵巣をくるくると巻き，それを樽の下から順次漬け込み，樽に充填していきます。その漬樽を密閉し，再び３〜４か月貯蔵して熟成させ，製品となります。このように宝漬けは１年以上もの長い期間をかけてつくりあげます。そして，この宝漬けに使用する甘酒とシソの葉にはきめ細かい配慮がなされており，これには感心します。甘酒は米麹２に対してもち米１の割合で仕込み，温室またはこたつを利用して一晩醸してから米粒をよくすりつぶして使用し，シソの葉は夏季に塩漬けしておいたものを真水に浸し，塩分を抜いて，水分を搾って使用します。宝漬けの食べ方は，焼いて食べるか，焼いたものを酢や酒に落として酒の肴にするのがもっとも美味ですが，ご飯が好きな人は，ご飯の上に焼いたものを散らし，お茶漬けにするととても美味です。しかし今やこの宝漬けは残念なことに製造されているのかいないのかという状況で，幻の珍味となっています。

岐阜県飛騨では「ねずし」というものを食べました。ねずしは，炊いたご飯に細かく切ったマス（鱒）をふんだんに加え，千切りダイコンとニンジン，米麹を混ぜて漬けたすしです。手で圧しながら甕にぎゅっぎゅっと漬け込み，落とし蓋をしてから重石を置き，軒下などの寒い場所で半月ほどねかせて発酵・熟成を行い，風味をつけます。我が家に正月に届くねずしは，コリコリとしたマスから旨味が出てきて，

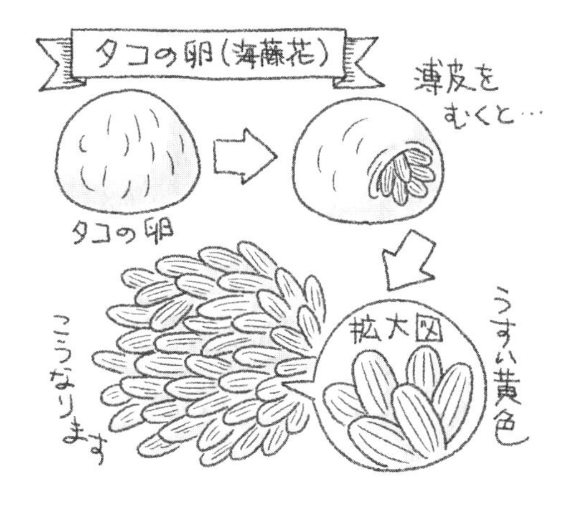

ご飯にのせると甘味と酸味がほのかについて，香りも芳しく，まさに伝統郷土料理の王様の風格が感じられます。昔からこの地方は日本海からマスが産卵のために遡上するので，マス食文化の色濃いところでもあります。「ねずし」のほかにも「マスの味噌漬け」「マスの粕漬け」もあります。

兵庫県にもさまざまな魚の加工品があります。なかでも「タコの塩辛」，タコの卵（海藤花(かいとうげ)）の塩漬けがとても印象的でした。「海藤花の麹漬け」は瀬戸内海各地や四国，九州にもあります。アワ粒か芥子粒ぐらいのタコの卵が3cmぐらいの海藻に藤の花房状に付着していて，透明な黄白色で美しいです。これを塩漬けにし，食べるとき塩抜きして刺身のつまにしたり，さっと茹でて吸い物の具にして食べると，歯ごたえといい，あっさりした味といい，たまらぬ微妙さが味わえます。そのタコの胎卵を搾りとり，それを麹漬けにしたものは大いに酒客を喜ばせる漬物でした。

岡山県の「エビの麹漬け」も珍味です。これはアカエビやサルエビのむき身を1週間ほど塩漬けにしてから調味し，米麹に1か月漬けたものです。特有の甘味と上品な旨味が印象的で，酒の肴に絶好でした。

このように，麹漬けもその土地の食材をその土地の風土や気候に合うように変化させており，日本人の食に対する知恵はやはりとてもすばらしく，世界に誇れるものです。しかし残念ながら，なかには幻の珍味となっているとても貴重なものもいくつかあります。この貴重な食文化が失われないよう，私たちは後世に残していく必要があることを肝に銘じておかなければなりません。

それにしても飯鮓（魚の漬物）は酒の肴（酒のおかず）によいものが多くみられます。「肴（さかな）」が転じて「魚」と呼ばれていること，また酒と麹漬けはともに麹由来であることからも相性がよいのでしょう。また米つながりでほかほかの白いご飯にのせればおいしいのも納得です。やはり米と魚は日本人の食には欠かすことのできない食材なのです。

2.8 魚醤

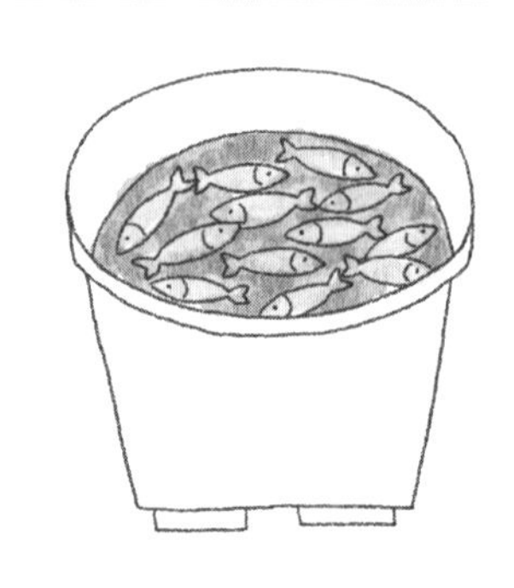

日本における魚醤（魚醤油ともいう）のもっとも古い文献は，平安中期の『倭名類聚抄』です。その記述内容は中国にある古い文献と一致するので，おそらく魚醤は中国から伝わったものとされます。しかし最近，魚を多く捕獲することができ，四方を海に囲まれ，塩のある日本では，弥生・縄文時代にすでに魚醤のようなものがあったではないかという説も根強く支持されはじめています。ともかく魚醤は古代からの発酵調味料のひとつとされています。

日本の魚醤代表といえば，秋田県の「塩魚汁」です。主にハタハタを原

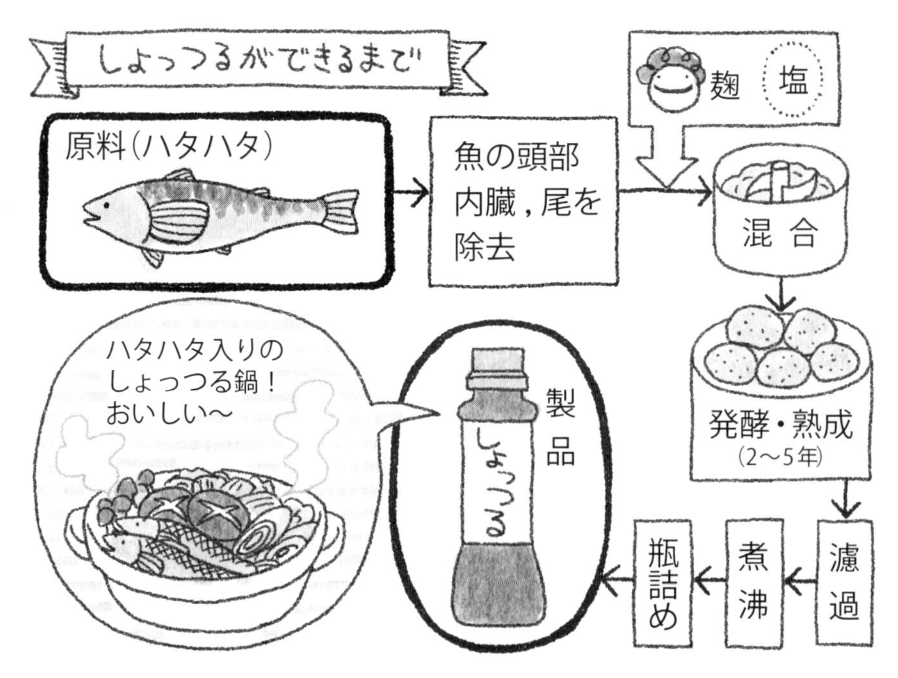

図2.20 しょっつるの製造工程

料とし（ハタハタの場合は頭部，内臓，尾を除く），これに塩と麹を加えて混ぜ，桶に漬け込み，蓋をして重石で密閉し，冷暗所で普通もので２年，上もので４～５年，発酵・熟成させます。この間，桶のなかでは麹の酵素が作用して原料の魚から旨味成分が出たり，発酵微生物（主として耐塩性の乳酸菌と酵母）が作用して特有の味や香りをつくり出します。すると，漬け込む際にあった魚の強い生臭みが，何年が経つとまったくなくなり，風味にバランスがとれた円熟した発酵調味料となります（**口絵viiページ**）。

このほか，香川県の「玉筋魚醤油：イカナゴ（コウナゴ）を塩漬けにして発酵・熟成させ，その汁を濾過したもの」，石川県や富山県の「魚汁：スルメイカの肝臓，もしくはマイワシなどを塩漬けにして発酵・熟成（８～９年）させ，その汁を３度濾過したもの」は非常に旨味が濃厚な魚醤です。関東や四国には「蛤醤油：むき身のハマグリを潰して食塩，麹とともに発酵させたもの」や「浅蜊醤油」「牡蠣醤油」といった珍しい魚醤もあります。

魚醤は，主に鍋料理などの調味料として使用され，秋田名物しょっつる鍋には欠かすことができません。また最近では，漬物の隠し味として漬け込みの際に加えられることが多くなりました。特に白菜漬けや浅漬けキムチ（日本で販売されているキムチ。150ページ「麹の豆知識９」参照）に多く使われていますが，魚卵や切り昆布などを混ぜ合わせた宝漬けや松前漬にも使われています。

魚醤は日本以外にもアジア諸国でみられ，ベトナムの「ニョク・マム」，タイの「ナンプラー」が有名です。このほか液状ではないペースト状の魚醤，インドネシアの「テラシ」，フィリピンの「パティス」，中国の「魚露」などがあります。しかし，海外の魚醤には麹は使われておらず，日本の魚醤のような旨味やコクは感じられません。

次に，私がプロデュースした日本の新たな魚醤開発の話を紹介しておきましょう。

日本やアジア諸国では伝統的な魚醤が生産されていますが，魚醤は生臭いにおいが敬遠され，また食塩濃度が高いため製造に長い時間がかかり，一定の品質が保持できないという難点があります。このような問題を解決するため，新しい魚醤の製造法を開発しました。

その方法は，鮭肉または鮭肉加工残渣（頭，内臓，白子などで，生きて

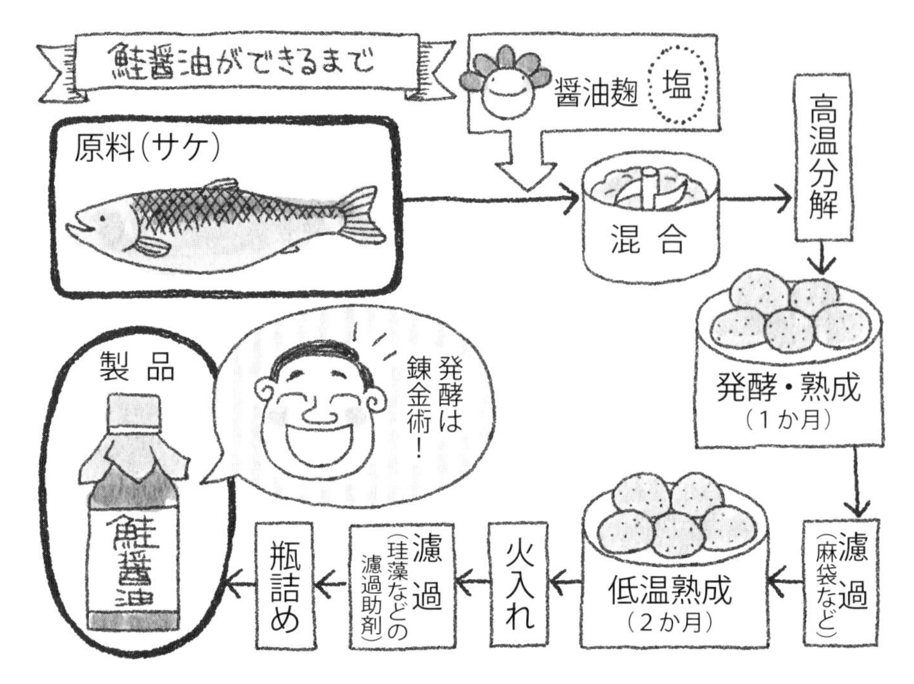

図2.21　鮭醤油の製造工程

いる鮭を解体処理した直後の超新鮮なもののみが原料に使用されます）を原料とし，これに醤油麹と塩を加え，高温で原料を分解し，杉桶で発酵・熟成（熟成は二度行う）させたもので，これにより鮭醤油ができます。

この方法により，①生臭みが抑えられ，また醤油麹により強い旨味が感じられる，②４～５か月で製品ができる，③残渣利用しているのでコストもかからず，環境によい，という魚醤の欠点をカバーするものを製造することができるようになりました。これによりいろんな魚介類を原料として，さまざまな魚醤がみられるようになるかもしれません。

この鮭醤油，たまごかけご飯に用いてももちろん美味ですが，焼きおにぎりに塗るたれ（鮭醤油大さじ２，みりん小さじ１：２人前）としても使ってみてください。いずれもご飯がすすむこと間違いなしです。

2.9 鰹節

「世界でいちばん硬い食べ物は何でしょうか？」

それは日本の発酵食品である「鰹節」です。みなさん，ご存知でしたでしょうか。現在，スーパーなどで見かける鰹節は削られてパック包装されたフワフワの鰹節ですが，そのもとは実は世界一硬い食品なのです。

この真実を確かめるため，私は実験を試みました。それにはまず，鰹節に対抗するくらいの食材を選ばなければなりません。そこで鰹節の硬さに対抗するものとして中華材料のひとつ「乾鮑：アワビを干してカチンカチンにした硬い食材」を選びました。まず鰹節と乾鮑のそれぞれの硬さを測定機で計測したところ，1 cm^2にかけた圧力を反発する力の量は鰹節が圧倒的に強く，ほかのさまざまな実験においても鰹節に軍配が上がりました。なかでもこの両方の硬い食材を曲げようとゆっくり力をかけてみたところ，鰹節はある力の量のところで「パキッ」と音を立てて折れてしまうのに対し，乾鮑はしなやかにねじれるといった違いがみられ，とても不思議に感じました。

どうしてカツオという魚が鉋で削らなくてはならないほど剛硬になるのでしょうか。

それは鰹節も麹菌の仲間である鰹節菌（麹菌の仲間 *Aspergillus glaucus* グループに属している菌種）の発酵作用によってできている保存調味料だからです。

では，その鰹節のつくり方について解説しましょう。

最初に原料であるカツオを三枚おろしにし，そのおろした身を煮籠に入れ（籠立てという），85℃で1時間半ほど煮ます。その後，冷ましてから余分な皮や鱗を削ぎ，骨などを抜きます。そして，底が簀子張りにしてある蒸籠にカツオを並べ入れ，培乾室にある手火山（堅い薪材を燃やす装置）の上でじっくりと数日間かけて焙乾させ（水切り培乾，または一番火という），これが「なまり節」となります。なまり節に残っている小骨をとり，

鰹節は世界でいちばん硬い食品です。

これまでの作業中についた傷や肉欠け部分に肉糊を刷り込んで成形します（修繕という）。修繕後の節は再度蒸籠に並べて５～６時間培乾したのち，一晩放置します（あんじょうという）。培乾とあんじょうを10～20日くり返すと，節にタールがついて真っ黒な「荒節」になります。この荒節を舟形に整形したものが「裸節」になります。この裸節を常用しているカビ付け用の桶や箱，室に入れて10～15日放置し，カビ付けします（使い古された容器や室には鰹節菌が多数生息しているので，温度と湿度が高い状態で入れておけば表面にびっしりとカビが密生繁殖する）。カビが付いた節（一番カビ）を日光で乾燥させたのち，カビの胞子を刷毛で払い落とし，再度カビ付けの容器や室に入れます。するとまた２週間ほどでカビが再度びっしりと密生繁殖する（二番カビ）ので，前回同様の操作をくり返し，三番カビ，四番カビを付け，最後に十分に乾燥して最終製品の「本枯節」となります。このように，とにかく鰹節をつくるのには手間暇がかかり，最終製品になるまでには２～３か月の月日がかかります。

それにしてもなぜ四番カビを発生させてまでカビを密生繁殖させるのでしょうか。

それは，裸節の内部に残っていた水分をカビに完全吸収させてしまわなければならないからです。

カビには，ほかの微生物に比べて生育に水分を多く要する性質があります。よって，鰹節においては，節表面にびっしりついたカビがカツオの身の水分を吸いとって生き，カビによって水分を吸いとられて乾燥状態になった節表面にはカツオの身の奥にある水分が乾燥した表面に移り，その水分がまたカビに吸いとられることで，節内部の水分がカビによってどんどん表面まで吸い上げられ，ついには節内部の水分がすべてなくなってしま

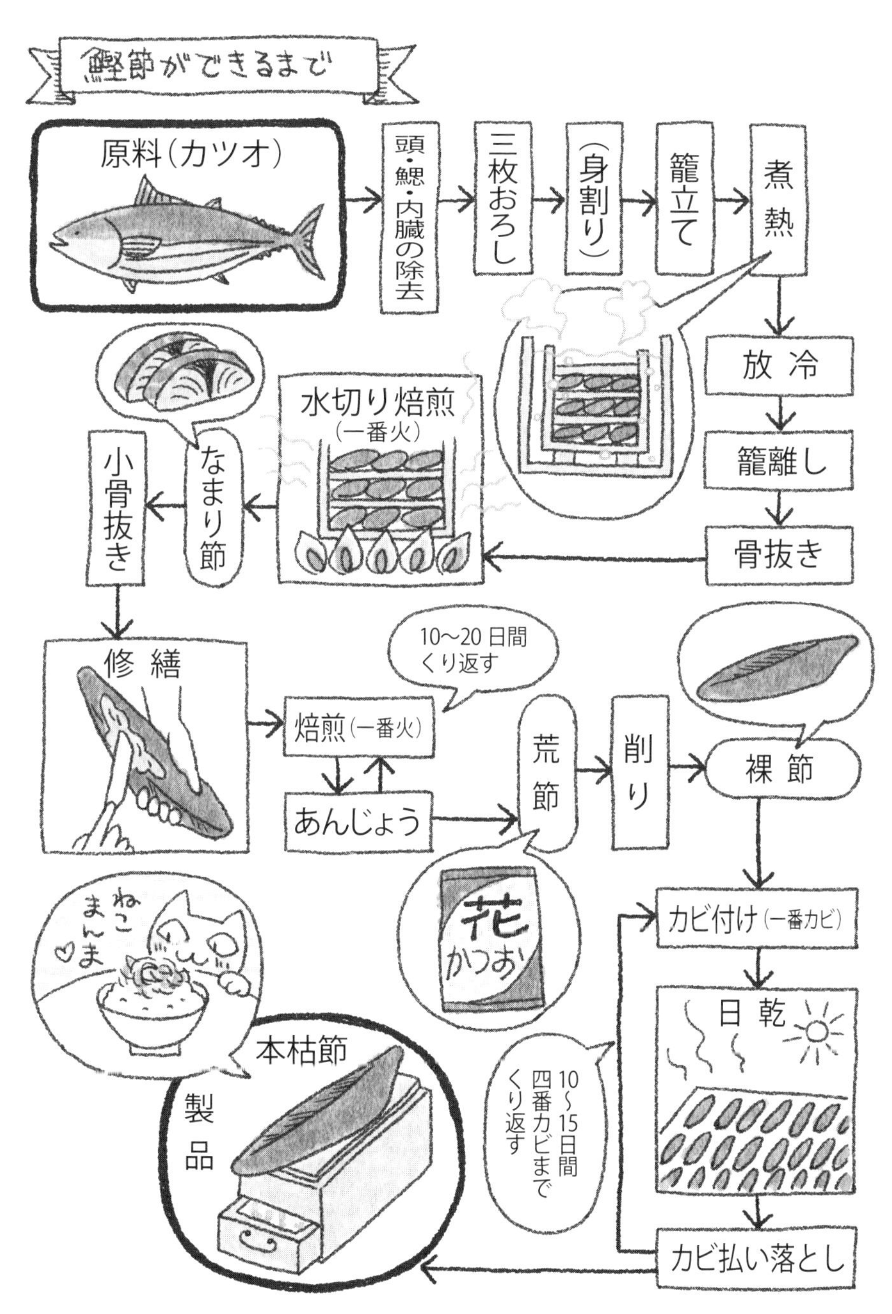

図2.22　鰹節の製造工程

うという完全乾燥状態になるのです。

このような工程を経てできた鰹節を両手に持って叩くと，「カーン！」という拍子木（ひょうしぎ）を打ったような乾いた高い快音を発します。それぐらい完全なまでに水分をとってしまうのです。ここまでくると，もうほかの微生物たちはまったく生育できなくなる（生のイカはすぐに腐るが，乾燥したスルメは腐らないというのと同じ原理）ので，いつまでも保存することが可能になります。

今のように冷蔵庫がなかった時代，カビの性質を実にうまく利用した鰹節は偉大なる知恵の産物である発酵食品といえます。

そしてこの鰹節には世界一硬いというほかに日本人の味覚を大いに発展させた「旨味」がありますが，これについては4.5節で詳しく説明します。

2.10 甘酒

甘酒は，米麹と炊いたご飯のお粥（かゆ）を混ぜ，55～60℃で一昼夜糖化させると甘味の強い甘酒ができあがります。これは米麹にあるアミラーゼがご飯のデンプンに作用してブドウ糖ができるためで，米のデンプンのほぼすべての量がブドウ糖になるのでとても甘い味になります。

米麹とご飯を同量用いてつくったものを「かた造り」，米麹とご飯を同量用いたものに米麹とご飯の1/2の分量の水を加えて造ったものを「うす造り」といいます。また，ご飯を使わないで米麹に同量か倍量のお湯を加えてつくるものを「早造り」といい，これは4～6時間で糖化します。

糖化された甘酒は沸騰するまで加熱して殺菌します。飲む際は好みによりお湯を加えて薄めるなどします。少し食塩を加えると甘味が引き立ち，おろし生姜を加えると風味がよくなります。冷たくすると温くしたときよりは甘味を感じず飲みやすいです。ちなみに，甘い甘いという甘酒の糖分ですが20～23％程度になります。

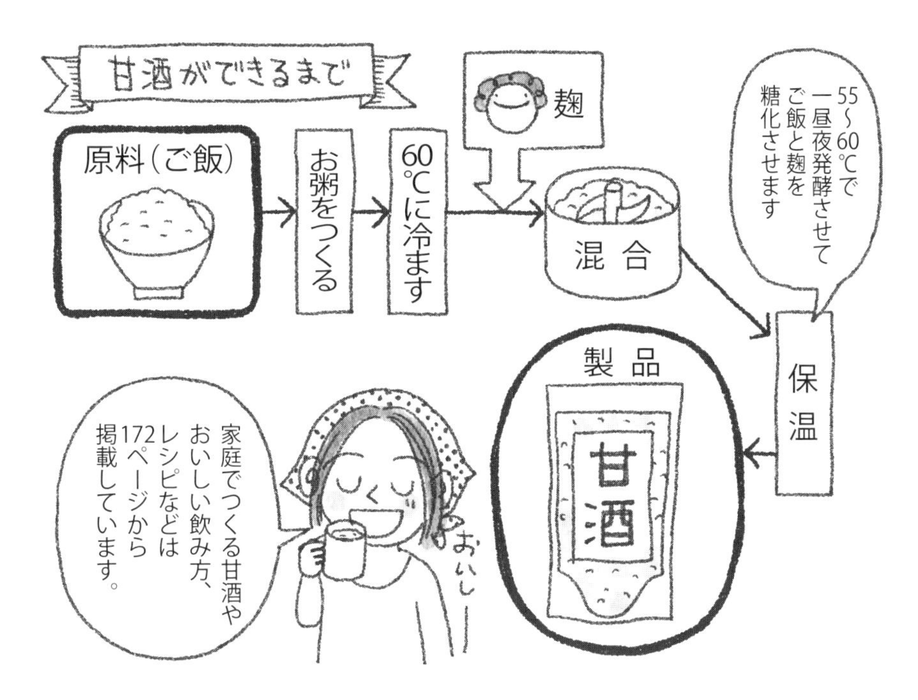

図2.23 甘酒のつくり方

そしてこの甘酒ですが，驚くほど効果のある保健的機能性（体が健康を保つことのできるはたらき）がありますが，これは4.2節で詳しく説明します。

2.11 豆腐よう

日本の発酵豆腐には，紅麹（紅麹菌（*Monascus* 属カビ）の胞子を蒸米に撒き製麹したもので鮮やかな紅色を呈している）の美しい赤い色とすばらしいおいしさをもつ沖縄の「豆腐よう」があります（**口絵viiiページ**）。

豆腐ようとは，簡単にいうと，麹と泡盛含有の醪に陰干し乾燥させた豆腐を漬け込んで熟成させたもので，塩味はう

すく，甘味があり，ウニのような風味，つまりはコクがあり，なめらかな食感をもつ低塩大豆発酵食品です。私は，この豆腐ようを箸でちびちびとって口に入れ，泡盛の古酒（クース）をちょっと口に含むのが好きです。一般的に酒の肴として食されますが，今ではフランス料理などの食材としても利用されています。

豆腐ようのつくり方は，まず島豆腐を３cm角のサイコロ状に切り，２～３日，陰干し乾燥させ，ほどよい乾燥豆腐をつくります。この乾燥豆腐には豆腐表面に *Bacillus*（バチルス）属細菌が生育するので泡盛でよく洗い，甕に入れた漬汁（米麹（紅麹もしくは黄麹，紅麹と黄麹），少量の食塩，泡盛を混ぜ，麹が十分にやわらかくなるまで放置し，醪を調製したもの）に漬け込み，密閉して室温で３～６か月，熟成させます。６か月ぐらい発酵・熟成させたものは風格があって絶妙です。やはり長期間発酵させると，紅麹からさまざまな酵素が出てきて豆腐をやわらかくしたり旨味をつけたりし，熟成も進んでマイルドになるのです。このようにしてできあがった豆腐ようは実に美しい紅色となり，味はチーズよりもいっそうコクがあって深みをもち，香りもまた特有の芳香に仕上がります。まさに「東洋のチーズ」の王者といえるものです。

この豆腐ようですが，とてもタンパク質と脂質に富んでおり，アルコール度数が高い泡盛のような強い酒には胃壁の保護や肝機能の活性化に効果があるとされ，沖縄の人たちに長く愛されてつづけている，沖縄の人たちには欠かすことのできない発酵食品となっています。

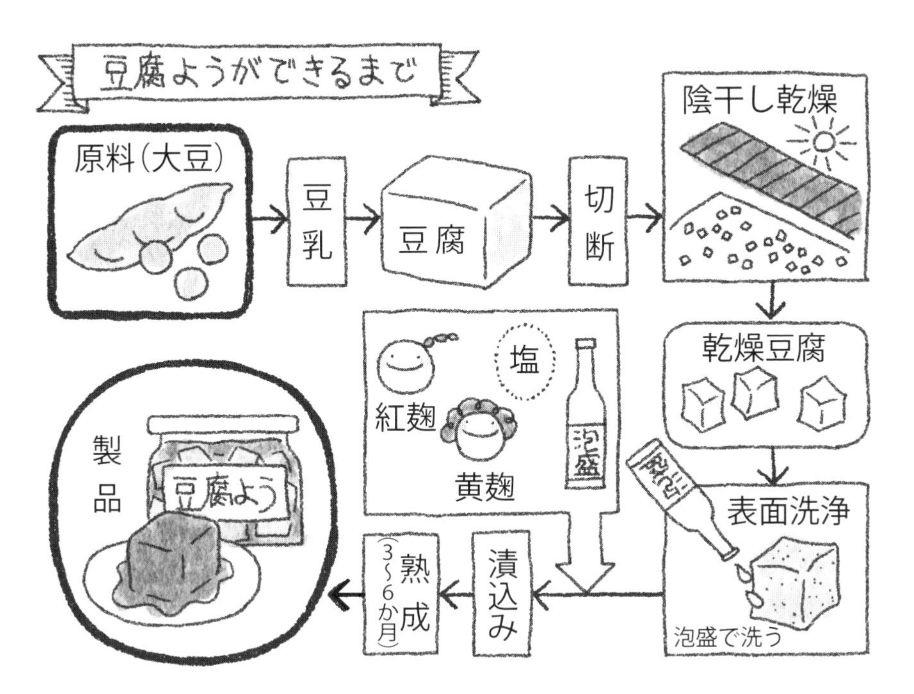

図2.24 豆腐ようの製造工程図

第3章
麹菌の酵素を利用した産業

ここでは麹菌が得意とする「酵素」の多量生産に着目し，さまざまな産業に貢献する麹菌がつくる代表的な酵素製剤について紹介します。小さな巨人・麹菌の偉大なる仕事ぶりをご覧ください。

これまでは麹や麹菌を使った日本の伝統的な醸造物や発酵食品について話をしてきましたが，今やこの分野は，すでに巨大な装置産業として発展をしています。ここでは，それらの産業における，小さな巨人・麹菌の偉大なる一面について紹介しましょう。

糸状菌（カビ）を利用する産業は，日本古来の醸造物や食品の製造，多くの化学物質や医薬品など多岐にわたっており，これにかかわる年間生産額は数兆円台に達しています。これらの産業のほとんどは，糸状菌の生活に伴う生理作用をきわめて巧みに利用しており，日本は世界の応用微生物先進国のなかでもずば抜けたレベルにあります。

では，なぜ日本が糸状菌の一種である麹菌の利用において世界の最先端をいくのかというと，古くから日本の食文化を支えてきた伝統的な醸造技術にその要因が隠されているのです。

麹菌を使った酒造業は千年以上も前にはじまり，その後，味噌や醤油業が栄え，甘酒や漬物が嗜好されはじめて今日に至るまで，日本人の先達者たちが飽きることなく，飲んでは旨く，食しては美味である高度な味を麹菌の選択や麹の製造法に求めてきた歴史があるからです。

すなわち，そこには麹菌を扱い慣れた日本民族の特技が育てられていて，この脈々と続く伝統が今日の分子生物学や遺伝子工学を中心とするバイオテクノロジーの分野においても，昔からカビを扱ってきた日本人の手先の器用さが大きな武器となり，世界のトップクラスに位置している現状からも容易に理解できることでしょう。

このように，日本の微生物産業を今日これほどまでに発達させてきた背景のひとつとなった麹菌は，いったいどのようなはたらきをして私たちの生活に寄与しているのでしょうか。今日の私たちの生活における日本の麹菌の応用のおおまかな区分は次のとおりです。

〔酵素製剤〕

デンプン分解酵素，タンパク質分解酵素，油脂分解酵素，繊維分解酵素，ペクチン分解酵素，タンニン分解酵素，ナリンジン分解酵素，アントシアン分解酵素など多種に及ぶ

〔醸造および食品産業〕

清酒，焼酎，味噌，醤油，味醂，甘酒，米酢，漬物，熟鮓，塩魚汁（しょっつる），鰹節，エチルアルコールの製造　など

〔有機酸発酵〕

クエン酸，フマール酸，イタコン酸，グルコン酸　など

〔抗生物質など医薬品〕

アスペルギリック酸，コウジ酸，シトリニン，クラバシン，フマギリン，スピヌロシン，フミガシン，クエルシニンなどの抗生物質。製癌剤

〔その他〕

ビタミン類（ビタミンB_1，B_2，B_6，ニコチン酸，葉酸，パントテン酸，ビオチン，イノシトール，チアミン，メバロン酸など），臭気の分解など

これらの産業分野は非常に広範囲に及んでいるので，それぞれの領域別にさまざまな書籍が刊行されているのが実状です。そこでここでは，麹菌のもっとも活動分野の広い「酵素」について見てみることにしましょう。

酵素についてはすでに述べましたが，生命をもたないタンパク質でできていて，さまざまな化合物を分解したり合成したりする不思議な物質です。これを麹菌は得意になって多量に生産し，菌体外に分泌してくれるので，

それを工業的にとり出してさまざまな産業に使用しています。

麹菌のつくる酵素は，今や食品工業や医薬品産業のみならず，洗剤や化粧品，サプリメントにまで使用されているのですから驚きです。その多量につくり出す酵素製剤はどのようにしてつくられるのかをタンパク質分解酵素製剤の製造を例（**図3.1**）に見てみましょう。図示したようにタンパク質を分解する能力に優れた麹菌（例えば醤油用麹菌や味噌用麹菌）を液体で培養し，その培養液のなかに生産されたタンパク質分解酵素（プロテアーゼ）だけを純粋にとり出して粉末化（製品化）するのです。こうしてつくられた酵素製剤は，乾燥した状態で低温で保管しておけば，数年という長期間にわたり，ほぼ安定してその機能（分解力）が保たれるので，きわめて利用価値が高いのです。

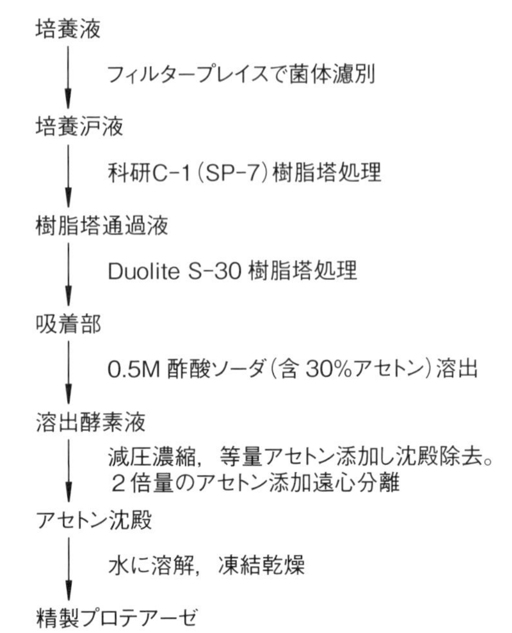

図3.1　酵素製剤プロテアーゼ製造工程の一例

では，次に麹菌がつくる代表的な酵素製剤について解説しましょう。

3.1 デンプン分解酵素（アミラーゼ）

デンプンを分解する酵素は総称してアミラーゼと呼ばれ，分解様式の違いにより液化酵素（α-アミラーゼ）と糖化酵素（β-アミラーゼ）があります。デンプンやデキストリン（デンプンよりもブドウ糖の集合数の少ないもの）に作用してブドウ糖を生成します（**図3.2**）。

アミラーゼの生産には，代表的な麹菌である *Aspergillus oryzae*（アスペルギルス オリゼー）や

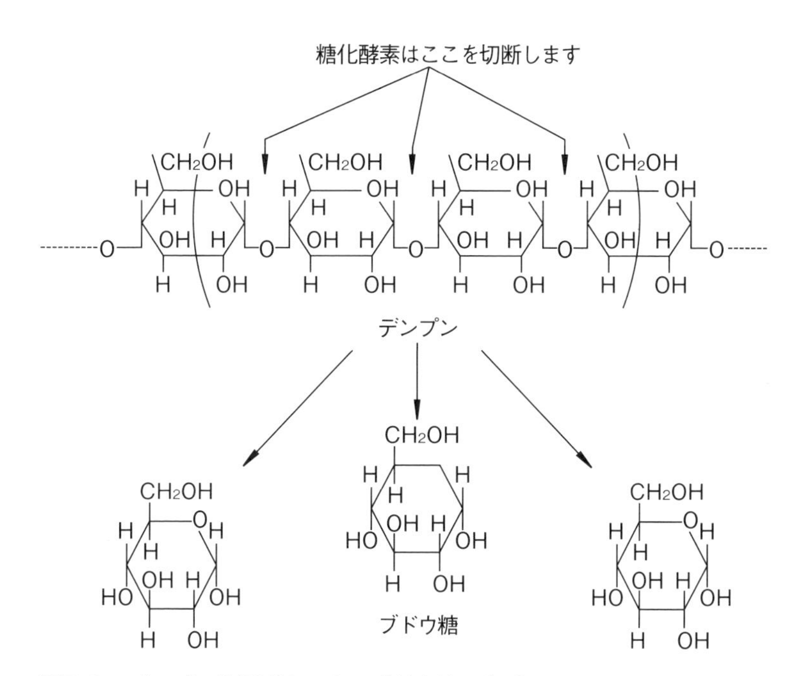

図3.2　デンプン分解酵素によるブドウ糖の生成

Aspergillus niger（ニガー），*Aspergillus luchuensis*（リューチューエンシス）などが主に使用されています。

このアミラーゼを工業的に得る場合，使用する麹菌の培養方法の違いにより固体培養法と液体培養法（**表3.1**）があります。固体培養法は小麦の外皮である麸（ふすま）に水を加え，そこに麹菌を増殖させてアミラーゼを生産させる方法で，液体培養法は麹菌がアミラーゼを多量に生産するのに最適な栄養素を含んだ水溶液中で無菌の空気を送りながら生産させる方法です。ここでは固体培養法について話をしましょう。

蒸した原料（多くの場合，小麦麸を使用するが，場合によりトウモロコ

表3.1　アミラーゼ生産培地

Aspergills luchuensis（液体培養）		*Aspergills oryzae*（固体培養）
トウモロコシ粉	6.0 %	小麦麸と等量の水
小麦麸	2.0 %	35℃，48〜72時間培養
$NaNO_3$	0.12%	
$(NH_4)_2SO_4$	0.08%	
pH 4.7，30〜31℃		

シや砕米なども使用することがある）を大型麹蓋もしくは大型回転ドラム式培養槽に入れ，アミラーゼ生産力の強い麹菌の胞子を加え，麹菌の増殖を図って酵素を生産させます。50時間前後培養したのち，この麹を破砕して酵素抽出装置にかけます。抽出には水を使用するのですが，その際，酵素の失活（酵素のもつ触媒作用が活性を失う）を防ぐため5～10℃の低い温度で行います。次にこの抽出液を15℃以下に冷却した沈殿槽に入れ，これに同じく15℃以下に冷却した95%エチルアルコールを三倍量加えて70%前後のアルコール濃度とします。すると酵素はただちに沈殿を開始します。これは酵素がタンパク質で，アルコールには不溶性であることを示すことにより都合よく分別されるのです。この沈殿したタンパク質は粗酵素剤と呼ばれ*，アミラーゼのみならず，麹菌が生産した多種多様の酵素が含まれており，このなかから目的の酵素を分けてとり出します。

その方法は，目的とする酵素の性質により，分配クロマトグラフィー，吸着クロマトグラフィーなどや透析，電気泳動，超遠心分画といった手法を用いて分取していきます。このようにして得られたアミラーゼ製剤は現在，次のような産業に広く使用されています。

- 製パン（パン原料の均質化）
- 製粉（小麦粉の改良）
- 穀物の加工（乳児食の処理など）
- 清酒醸造（米麹の一部代用）
- ビールの製造（麦芽の一部代用）
- 味噌の製造（米麹の一部代用）
- 水飴やブドウ糖の製造
- 菓子の製造
- 飼料への添加
- 医薬品への添加（消化剤）
- アルコール製造（原料の糖化）　など

＊　沈殿酵素をすぐに真空乾燥して得られるものを「タカジアスターゼ」と呼び，胃腸薬や整腸剤などに消化酵素として加えられています。明治42年（1909年）に高峰譲吉博士が発見したことにより，この名があります（4.1節参照）。

デンプン分解酵素

アミラーゼです

アミ

製パン
（パン原料の均質化）

製粉
（小麦粉の改良）

穀物の加工
（乳児食の処理など）

食べやすくするねー

清酒醸造
（米麹の一部代用）

ビールの製造
（麦芽の一部代用）

味噌の製造
（米麹の一部代用）

水飴や
ブドウ糖の製造

菓子の製造

BISCUIT

飼料への添加

医薬品への添加
（消化剤）

ショーカスール

アルコール製造
（原料の糖化）

糖

など

図3.3　デンプン分解酵素の利用法

3.2 タンパク質分解酵素(プロテアーゼ)

麹菌(*Aspergillus* 属)はタンパク質を分解する酵素であるプロテアーゼもアミラーゼ同様,強く生産します。プロテアーゼは自らがタンパク質でありながら自らのタンパク質は分解せず,アミノ酸配列や分子量など自らの構造とは異なるタンパク質だけを標的にして分解します。このような作用は,生命力もなく,もちろん思考性など毛頭ない「酵素」という化合物の,まさに神の創造物ではないかと考えさせられるほどの神秘性をもった,とても不思議な現象といえるでしょう。

プロテアーゼはタンパク質の分解の仕方によりプロテイナーゼ(エンドペプチダーゼともいう。タンパク質を構成するアミノ酸配列を大きく切断していく酵素)と,ペプチダーゼ(エキソペプチダーゼともいう。タンパク質を構成しているアミノ酸配列を末端から切断していく酵素)に分けられます。

また胃液のように低い水素イオン濃度(pH)下でもタンパク質を分解する能力をもつ酸性プロテアーゼをはじめ,中性プロテアーゼ,アルカリ

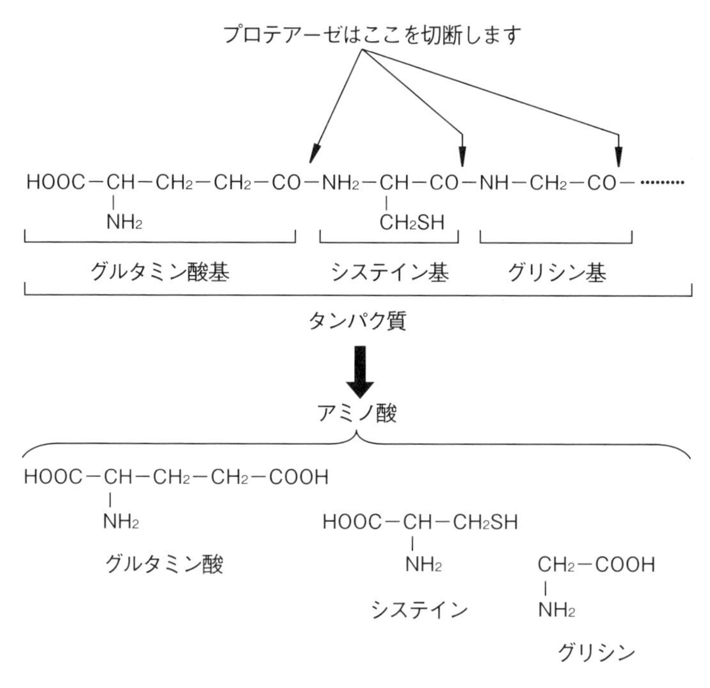

図3.4 タンパク質分解酵素によるタンパク質からアミノ酸の生成

性プロテアーゼなど，作用 pH 領域によってもプロテアーゼは種別をもっています。

プロテアーゼを強く生産する麹菌は *Aspergillus oryzae*，*Aspergillus niger*，*Aspergillus saitoi*（サイトイ）などがあり，中性プロテアーゼの製造には *Aspergillus oryzae*，酸性プロテアーゼの製造には *Aspergillus saitoi* を使用するよう菌株を選択して生産させます。

プロテアーゼの製造工程はアミラーゼと同様，固体培養法と液体培養法がありますが，現在では液体培養法が用いられています。粗酵素の状態から精製されたプロテアーゼは次のような産業で重宝されています。

- 味噌・醤油の製造（原料中のタンパク質を分解し，主な旨味であるアミノ酸を増加）
- パンや菓子の製造（原料の均一化）
- チーズの製造（凝乳，カードの熟成）
- 皮革工業（原料皮の脱毛や軟化）

図3.5　タンパク質分解酵素の利用法

- 食肉軟化剤
- ビールや清酒の清澄剤（市場に出てから白濁し，著しく品質を損なうことがある。この原因は不溶性タンパク質によるもので，製品を瓶詰めする際にプロテアーゼ製剤でこのタンパク質を分解してしまえば白濁の心配はない）
- 医薬品（消化剤，抗炎症剤）
- 飼料への添加（消化剤）など

このほかにも洗剤や石鹸にもプロテアーゼを主体とした酵素が加えられています。これは衣類に付着した肌の汚れ，すなわち「垢」の主成分が欠落細胞に由来するタンパク質や汗，皮脂などであるため，これをプロテアーゼやリパーゼ（脂肪分解酵素）で分解します。

またこのごろは「酵素風呂（プロテアーゼを主体とした酵素製剤を風呂に入れる）」を用いた美容・健康法にも使用されています。酵素を湯に加えて入浴すると，肌の毛穴の小孔にまで酵素が入り込み，肌の汚れを分解してしまうとされているようです。

3.3 脂肪分解酵素（リパーゼ）

油脂を加水分解してグリセリンと脂肪酸にする酵素をリパーゼといいます。リパーゼを生産する微生物はとても多く，酵母では *Candida* 属，カビではアオカビ，クモノスカビ，ケカビ，コウジカビ（麹菌）が強い活性をもったリパーゼを生産します。麹菌では *Aspergillus niger* が最適菌株として利用されています。

リパーゼは乳質改良，バターフレーバーの製造，チーズの熟成など乳加工品への利用や消化剤にも使用されているほか，プロテアーゼとともに洗剤にも使用されています。また清酒醸造においては，原料米中の脂肪を分解するのに使用されています。さらに最近では胃腸内での食物中の脂肪の分解を助けようと，市販の胃腸薬にはリパーゼを入れたものが売られています。

$$\begin{array}{l} CH_2 \cdot COO \cdot C_{17}H_{35} \\ | \\ CH \;\; \cdot COO \cdot C_{17}H_{35} \\ | \\ CH_2 \cdot COO \cdot C_{15}H_{31} \end{array} \xrightarrow[(+3H_2O)]{\text{リパーゼ}} \begin{array}{l} CH_2 \cdot OH \\ | \\ CH \;\; \cdot OH \\ | \\ CH_2 \cdot OH \end{array} + \underbrace{2C_{17}H_{35} \cdot COOH + C_{15}H_{31} \cdot COOH}_{\text{脂肪酸}}$$

油脂の一例　　グリセリン

図3.6　リパーゼによる油脂の分解例

図3.7　脂肪分解酵素の利用法

3.4 繊維分解酵素(セルラーゼ，ヘミセルラーゼ)

繊維（セルロース）を分解する酵素をセルラーゼといいます。セルロースは自然界にもっとも多く存在する多糖類で，植物（木材，わら，紙，パルプ，葉，茎など）の組織のほとんどがこの成分からできています。デンプンに非常によく似た構造をもっており，ブドウ糖が多数結合した重合体で，**図3.8**のようにブドウ糖どうしの結合が一回転した状態で絡み合った型で結ばれているのでなかなか分解されにくいです。しかしこれを分解することができれば，最終的にブドウ糖という貴重な炭水化物源となるため，自然界に豊富にあるこの天然資源を強力に分解する酵素をもった微生物が見出されれば，将来における人類の食糧問題に光明が射すものとして，今日，世界中で幅広く研究されています。

セルラーゼはカビ類のほか担子菌類（きのこ類），細菌類から得られており，これまで理想的な分解能を有する菌株が少ないとされていましたが，現在は不完全菌の一種 *Trichoderma viride*（トリコデルマ ビルデ）や *Trichoderma ressei*（リーゼイ）から強力菌株が，また麹菌の *Aspergillus niger* からも強い活性をもつ菌株が発見され，セルラーゼ製剤の製造に使用されています。

しかしセルロースは，木材や稲わら，紙のような植物系繊維と，絹や羽毛のような動物性繊維などの例からもわかるように，多種多様な形状で自然界に存在します。これらすべてに対して万能な菌株は少なく，今日においてもなお，これまでよりもさらに分解力が強烈な菌株を探しているとい

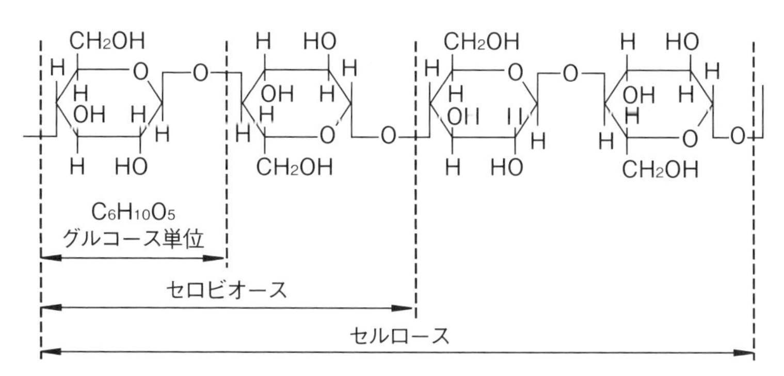

図3.8 セルロースの化学構造

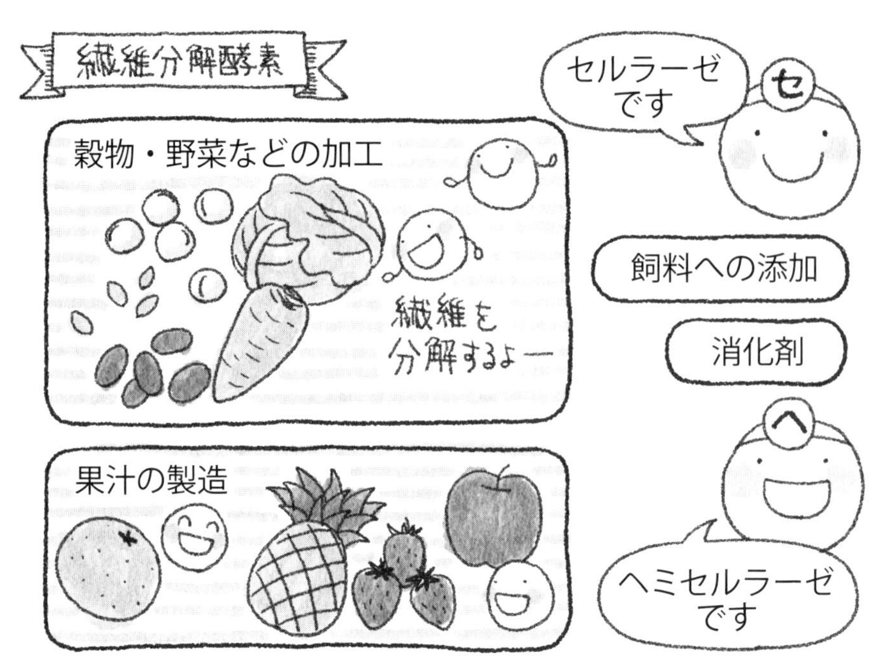

図3.9 繊維分解酵素の利用

うのが現状です。

一方，植物の木質細胞にはヘミセルロースという強固な多糖類も存在します。これはセルロースがブドウ糖の重合体であるのに対し，アラビノース，キシロース，マンノース，ガラクトース，ラムノースなどの種々の糖が重合し合った複雑な多糖類です。これを分解するのがヘミセルラーゼで，*Aspergillus oryzae*, *Aspergillus niger* などがこれ

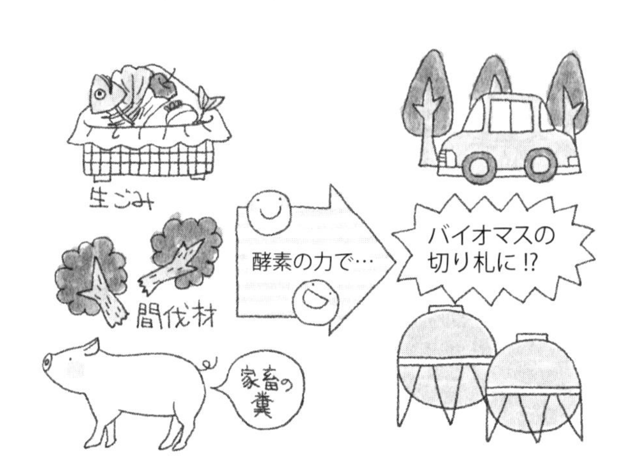

を生産します。

セルラーゼやヘミセルラーゼは，穀物・野菜などの加工（軟質化や均質化），果汁の製造（繊維素を原因とする混濁物質の分解），飼料への添加，消化剤などに使用されています。

また，再生可能エネルギーのひとつであるバイオマスの切り札としても熱い視線が注がれ，生ごみ処理などを含め資源循環型産業への活用に期待が高まっています。

3.5 ペクチン分解酵素（ペクチナーゼ）

ペクチン分解酵素であるペクチナーゼも他の酵素のように食品工業において広く使用されています。ペクチンは果皮，果汁などに豊富に存在する多糖類の一種で，ペクチンが果汁中に存在すると混濁の原因となり，商品価値を低下させます。この厄介なペクチンをものの見事に分解してくれる重宝な酵素がペクチナーゼです。ペクチンはガラクツロン酸が多数結合したもので，この重合物をペクチン酸とも呼び，これにペクチナーゼが作用すると分解が生じ，ガラクツロン酸となります。ガラクツロン酸は水によく溶けるので混濁の心配はなくなります。

ペクチナーゼを強く生産する工業用菌株は，主に麹菌（*Aspergillus* 属）で，なかでも *Aspergillus nigar* が最適菌株として使用されています。製法は麸，米糠，デンプン粕などに生産強力菌株を固体培養するか，合成培地を使って液体培養を行います。得られた粗酵素のなかにはこれまで話をしたアミラーゼやプロテアーゼに混在して多量のペクチナーゼが存在しているので，そこから分離・精製すれば得ることができます。

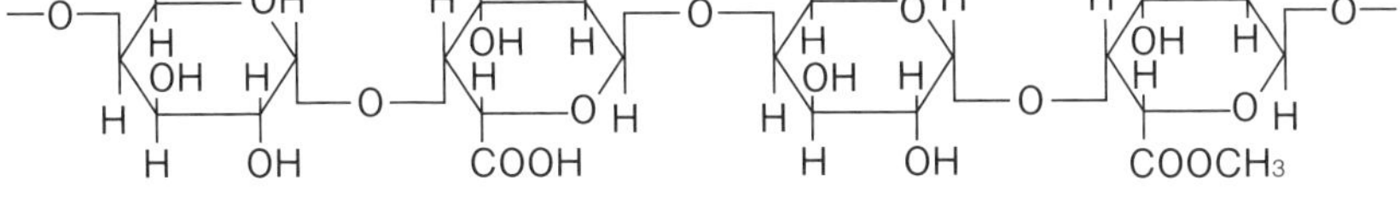

図3.10　ペクチン酸の化学構造

ペクチナーゼは大半が果汁（ジュース）の清澄剤と使用されていますが，このほかにも果実酒の清澄剤，野菜汁のペクチン除去，コーヒー豆中のペクチン分解などにも使用されています。

図3.11　ペクチン分解酵素の利用

3.6 ナリンギン分解酵素（ナリンギナーゼ）およびヘスペリジン分解酵素（ヘスペリジナーゼ）

柑橘類の果樹や果皮にある強い苦味の主な成分はナリンギン（ナリンジン）というフラボノイド配糖体で，グレープフルーツやレモン，夏ミカンなどに存在します。このナリンギンを分解するのがナリンギナーゼ（ナリンジナーゼ）で，苦味を大幅に除去または減少してくれます。代表的な生産菌株は*Aspergillus niger*で，この菌株を培養した麩麹から抽出して商品化されています。

ナリンギナーゼはナリンギンに作用して分解し，苦味のないネオヘスペリドースとナリンゲニンにするので，柑橘類果汁やシロップの苦味除去に使用されます。

一方，温州ミカンやハッサクなどの柑橘類にはナリンギンによく似たヘスペリジンが多く含まれています。この化合物は水への溶解性がきわめて低く，缶詰や透明なジュースのなかで微細な白点をつくったりと混濁の原因になっています。これを分解して溶解性のあるルチノースとヘスペレチンにするのがヘスペリジナーゼで，*Aspergillus niger* が強く生産します。ヘスペリジナーゼは通常，ナリンギナーゼの生産時にともに生産され，果物加工産業で広く使用されています。

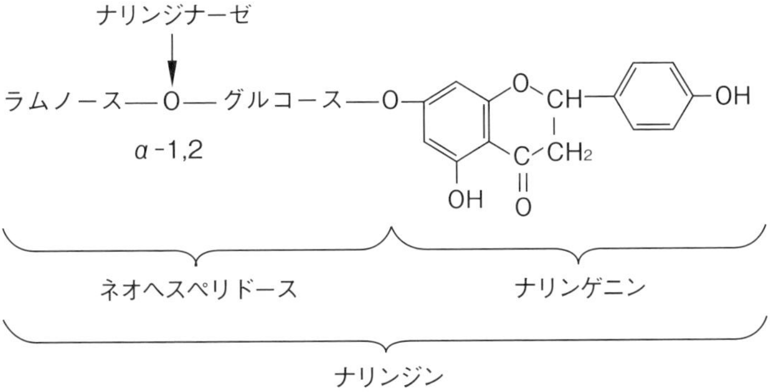

図3.12 ナリンジナーゼによるナリンジンの分解

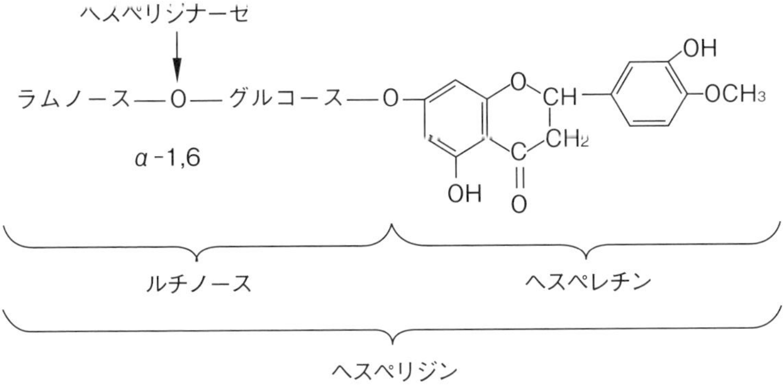

図3.13 ヘスペリジナーゼによるヘスペリジンの分解

図3.14 ナリンギン分解酵素・ヘスペリジン分解酵素の利用

3.7 タンニン分解酵素（タンナーゼ）

タンニンは没食子酸やプロトカテク酸，カテコール，ピロガロールのような多価フェノール（フェノールとはベンゼン環に－OH基が付いているもの）が，アルコール，糖などと多数重合したきわめて複雑なエステル系配糖体で，柿や茶などに存在する特有の渋味を呈する物質です。この複雑な化合物を加水分解するのがタンナーゼで，*Aspergillus oryzae* などにより生産されます。

タンナーゼはビール中のタンニン系タンパク質複合体に働かせて分解させることでビールを清澄化して澄明な淡色にするほか，ブドウ酒中の過剰なタンニンを分解したり，茶の混濁防止や風味改良などに使用されています。

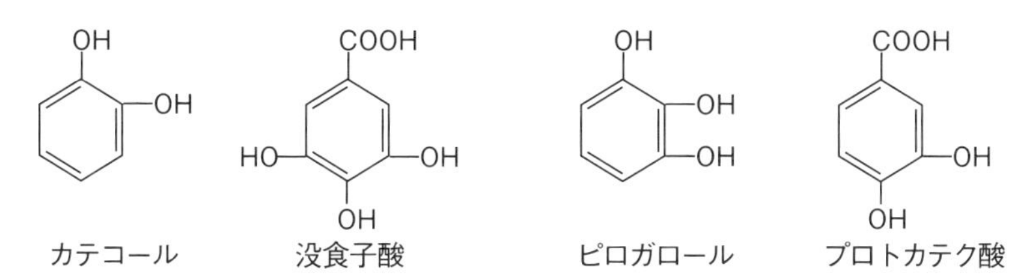

図3.15　タンニンの成分
これらの物質が結合した複雑な成分がタンニンになります。

図3.16　タンニン分解酵素の利用

3.8 アントシアン分解酵素(アントシアナーゼ)

花や果実の赤，青，紫の色素はアントシアン系化合物が多く，この色素を分解して無色のアントシアニジンとグルコースにする珍しい脱色酵素がアントシアナーゼです。アントシアナーゼは *Aspergillus oryzae*, *Aspergillus niger*, *Penicillium decumbens*（ペニシリウム デカンベンス）などから生産しています。

アントシナーゼはブラックベリーのような過剰なアントシアン色素をもつ果実ジャムやジュース，色素が濃いブドウ酒などから色素の一部を抜くのに使用されています。このほか桃の缶詰においては種子の周囲の赤色色素を分解し，缶詰容器の錫(スズ)による紫変防止などに使用されています。

以上が麹菌(*Aspergillus* 属)を応用した代表的な酵素製剤についてです。

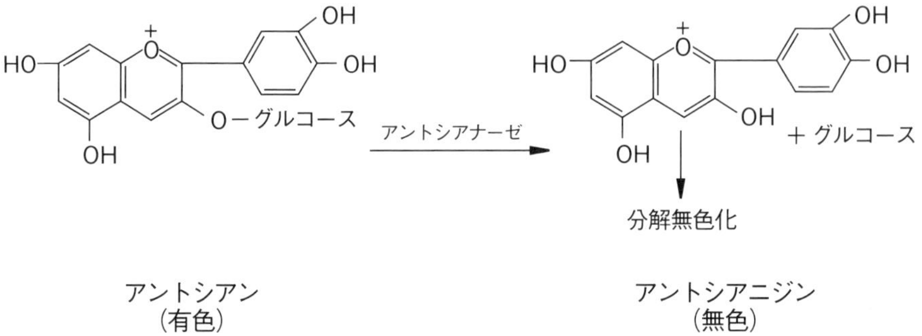

HO, OH, OH, O－グルコース, OH

アントシアナーゼ →

HO, OH, OH, OH, OH ＋ グルコース

↓ 分解無色化

アントシアン（有色）　　アントシアニジン（無色）

図3.17　アントシアナーゼによるアントシアンの分解

図3.18　アントシアン分解酵素の利用法

このような酵素製剤の使用例は他の医薬品や食品諸工業，分析化学などにも多くみることができます。

次に前述以外の *Aspergillus* 属起源の酵素製剤についても列挙しておきます。

- アシラーゼ（アシルアミノ酸を分解してアミノ酸を生成）
- デアミナーゼ（イノシン酸の製造に使用）
- デキストラナーゼ（デキストランを分解するから虫歯の予防として歯磨き粉に入れる）
- アミログルコシダーゼ（デンプンから結晶ブドウ糖の製造に使用）
- リボヌクレアーゼ（イノシン酸やヌクレオチドの製造に使用）
- ヌクレアーゼ（5′-ヌクレオチドの製造に使用）
- カタラーゼ（過酸化水素の分解に利用）
- アミノ酸酸化酵素（アミノ酸を酸化してオキソ酸にする）
- メリビアーネ（ラフィノース，スタキオースなどの針状結晶性の糖を分解するので甜菜糖の品質改良に使用）

第４章
麹は健康な体をつくる！

〜麹菌や麹製品の保健的機能性ほか〜

私たち日本人は無意識のうちに麹や麹菌を用いた発酵食品とともに
食生活を送っています。そしてそれらの発酵食品は，
実は私たちに「健康」と「美容」をもたらしてくれる美健食でもあるのです。
その美健食の効能とともに第２章では書ききれなかった話も紹介します。
明日から発酵美人になれる！　かもしれません。

日本人は貪欲なまでにあらゆるものを食し，美味な食べ物や体にとって大切な食べ物を生み出してきました。なかでも目には見えない微生物のはたらきを利用して「発酵食品」を創造したことは，先人たちによる微生物の性質を知り抜いた知恵の集積とたゆまない観察力，豊かな発想があったからこそです。この巧みな知恵の産物である「発酵食品」は本当にすばらしい伝統的な食品で，今では世界に1,000種類以上あるといわれています。

そして「発酵食品」は，これまで，保存が効き，特有の味とにおい（風味）があると人々に愛され食されてきました。しかし近年，それ以外にも，栄養価が高く吸収率がよいといったさまざまな保健的機能性があることもわかってきました。「発酵食品は体にとってすばらしい食べ物らしい」という体験的な考え方ではなく，「発酵食品は本当に体によい」ということが判明してきたのです。

そこでこの章では，代表的な麹を使った発酵食品中におけるさまざまな保健的機能性（整腸作用，癌や高血圧の予防，老化の制御，糖尿病や肥満防止，抗潰瘍，血中コレステロールの低下などの効能，胃癌（がん）・動脈硬化性心臓疾患・胃や十二指腸潰瘍の予防など）と，それにまつわるちょっとした話を交えて紹介します。

4.1 米麹

これまで述べてきたように，麹は蒸した穀物に麹菌が繁殖してできたすばらしい発酵食品のひとつです。この麹が原料となり醸されることで，清酒，醤油，味噌，焼酎，味醂，漬物，甘酒，米酢など，日本を代表する伝統的嗜好物ができ，麹は日本の食文化になくてはならない存在となりました。

そして科学が発展するに従い，麹には，人の体にとって重要な機能をもつさまざま物質が次々に発見されはじめ，注目されるようになりました。それは麹をつくる麹菌が人の健康維持や老化制御にきわめて興味深い機能性物質を生産していることがわかったからです。

またもともと麹を使った醸造物においては，毎日味噌汁を飲む人は飲まない人に比べて胃癌や食道癌の発生率が低い，甘酒は疲れた体を癒してくれる，酢は健康な体をつくる，といった保健的機能性があるとされていました。そこでその体験や実例をもとに1975年頃から全国各地の大学の医療機関や食品研究機関でそれらを解明すべく研究に着手したところ，これまで知られていなかったさまざまな新事実が明らかになりました。そして，それらの効用が分析学的にも，医学的にも，生理学的にも，臨床学的にも，次々と裏づけされ，その要因が麹菌のつくった成分に由来することがわかってきたのです。

既述したように蒸米や煮熟大豆に麹菌を加えると，麹菌は猛烈に繁殖し，米や大豆にさまざまな成分をつくり上げ，蓄積していきます。ある研究では，蒸米に麹菌が繁殖すると，それまでの蒸米になかった微量成分が新たに約400成分も蓄積されたとされています。そのなかにはビタミン類や必須アミノ酸のほかにペプチド類や複合タンパク質，特殊な糖類や有機酸類，脂質といった生理活性を有する重要な成分群が含まれており，そのなかのひとつがアンジオテンシンI変換酵素（angiotensin I-converting enzyme：ACE）になります。これは一般的に大豆麹や味噌麹に多く含まれているとされていますが，清酒の酒粕にも含まれています。この物質は特殊なタンパク質でできていて，血圧を平常に保つはたらきがあります。

また麹菌は非常に優れた消化酵素を生産します。このことを最初に発見したのは髙峰譲吉で，明治42年（1909年）に麹菌培養液の沈殿物（酵素）を乾燥して得られたものには，人の胃腸と同じ消化分解力があることをつきとめました。それを発見者の名を付けて「タカジアスターゼ」と呼び，胃腸薬の中に入れられはじめました。今でも市販の胃腸薬をよく見てみるとわかりますが，必ずといってよいほどアミラーゼ（デンプン分解酵素）やプロテアーゼ（タンパク質分解酵素），脂肪分解酵素とかが入っており，これらを総称してタカジアスターゼあるいはジアスターゼと呼んで消化酵素として添加されています（第3章参照）。胃腸薬に入れられたこれらの消化酵素は，弱った胃に代わり食べ物を分解し，栄養成分が体内に吸収されるように変えてくれるのです。したがって，米麹そのものにも消化酵素は活性した状態で大量に含まれているわけですから米麹でつくった甘酒などにも大いに含まれているということになります。甘酒ならば手軽につく

図4.1　米麹の酵素の保健的機能性とその活用

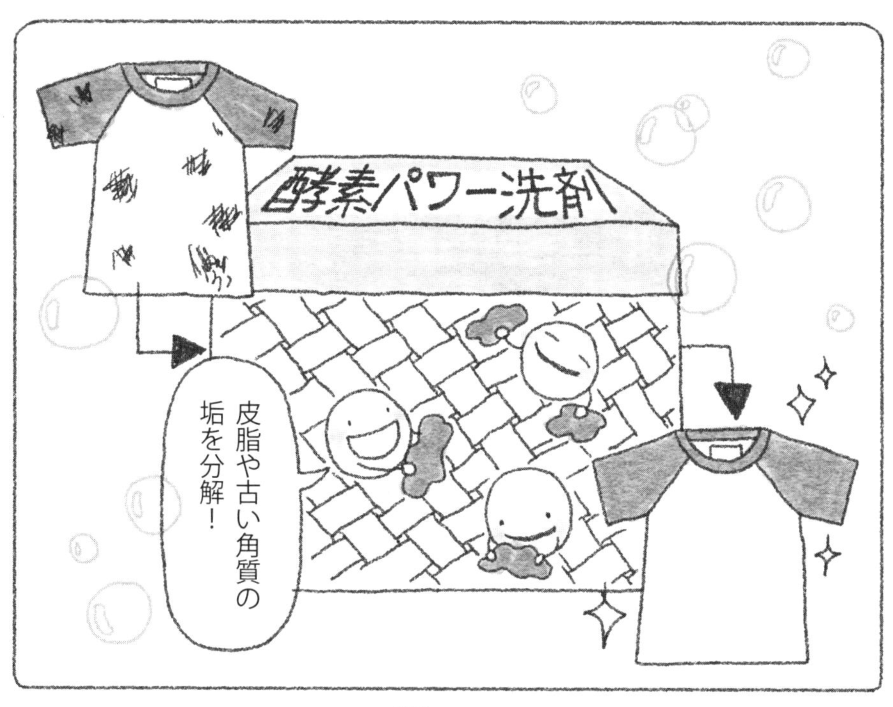

れ，市販もされているので米麹のよさを摂取するのに適していますね。

余談ですが，これらの酵素は胃腸薬だけではなく粉末洗剤などにも使用されています。テレビコマーシャルなどで「酵素パワー…」という言葉を聞いたことがあるかと思いますが，これらの酵素が肌着や衣服に付着した脂肪や垢（あか）を分解してきれいにしてくれるのです。このように，実は日用品のなかにもこれらの酵素が使われ大活躍しているのです。このほかにもさまざまな研究者により，麹菌のみが生産するアスペラチンもしくは清酒に癌細胞の増殖を抑える物質があることを発見しています。いずれも麹菌の生産物に起因しているので，麹菌の今後の研究が期待されます。

それはさておき，米麹のよさを手軽に摂取するのに適しているのは甘酒（次節を参照）といいましたが，甘酒以外に冬に味噌汁のなかに酒粕を入れるのも体が温まっておススメです。酒粕はあまりなじみがないかもしれませんが，酒の「かす」もそのもとは米麹で，そこにアルコール分が加わったもの。その成り立ちを理解して賢く使いましょう。

麹の豆知識７

清酒で美白?!：清酒と酒粕の機能性

清酒の機能性について紹介します。清酒に0.2％程度含まれるα-エチルグルコシドには，シミやほくろの原因となるメラニン色素を抑え込む美白効果や保湿効果があるとされ，スキンケア商品やお風呂などに入れて使用されています。このほかスキンケア商品にはよくコウジ酸が使用されていますが，これは本来，清酒中にはほとんど存在していません。コウジ酸は麹菌を培養して得られる物質で抗酸化作用をもっています。よってコウジ酸製剤としてスキンケア商品などの製品に使用され，美白効果や抗酸化・抗炎症作用があるとされています。とはいえコウジ酸の研究がなければ，今の美白スキンケア商品の数々は生まれなかったかもしれません。なぜならコウジ酸の研究は，麹を扱う職人の手が白いという理由からはじまっているからです。ちょっとした気付きが研究には大切であり重要です。このほかS-アデノシルメチオニンがうつ病や認知症の予防改善，肝臓機能を強化する薬に使用されています。

また清酒製造の際に出る酒粕にも機能性があります。酒粕はタンパク質や食物繊維，ビタミン類，ミネラル類を多く含んでいるので疲労回復，消化促進（つま

りは整腸作用もある）によく，このほかにも総コレステロールを抑制する作用があるとされています。そしてもちろん美白効果も。

このように考えると，清酒を飲むよりも酒粕を上手に料理にとり入れて利用するほうが賢いかもしれません。米麹が栄養も旨味もアップして酒粕になっているのですから料理がおいしくならないわけがありません。是非，料理に酒粕をうまく活用してみてください。

4.2 甘酒

「身体の栄養となること，また，その食べ物」のことを滋養といいます。この「滋養」の意味にきわめて適うのが麹を用いた発酵食品です。発酵食品の多くは多種多様の微生物によって発酵が行われ，その際，多量の栄養成分を生産し，食品中に蓄積します。その例として挙げられるのが，煮大豆と納豆菌でつくった糸ひき納豆，ご飯と麹菌で醸された蒸米である米麹で，ともに発酵することで驚くほど栄養成分が高まっています。なかでも米麹に湯を加えて一晩置いた甘酒は米麹成分抽出液のような飲み物となり，発酵食品のなかでいちばん滋養のあるものとなります。

この甘酒に関する私のとある発見と，その滋養性（保健的機能性）について紹介しましょう。

江戸時代後期の嘉永 6 年（1853 年），絵師 喜田川守貞が当時の庶民生活や町の物売りなどをマンガタッチでスケッチし，簡単な説明文を加えた

江戸の市中では暑い夏に甘酒売りが甘酒を売っていました。

書物『守貞漫稿』を刊行しました。そのなかの「甘酒売り」に「江戸京坂では夏になると甘酒売りが市中に出てくる。一杯四文也」と記してありました。これは当時の江戸・京都・大坂で，夏に甘酒売りが町で甘酒一杯を四文で売っていることを意味していましたが，私はその文言に対してある疑問がわきました。「どうして暑い真夏に甘酒を飲むのだろうか？　甘酒は冬の飲み物のはずなのにおかしな話だ」と。

古くは山上憶良の『貧窮問答歌』にしても，その後の冬を詠った歌にしても，甘酒は冬の季語として登場する飲み物で，体を温めるのに使用されていたはずなのに，どうして『守貞漫稿』では甘酒が夏の飲み物になっているのか…不思議でなりませんでした。

そこで『現代季語事典』を調べたところ，甘酒の季語が「夏」であることがわかりました。いつから甘酒が「夏」の飲み物になったのかはわかりませんが，『守貞漫稿』が刊行された頃には「夏」であったことに変わりはないので,『守貞漫稿』が書かれた時代背景を調べてみることにしました。

その方法は，私の研究室の学生たちに夏休みなどの長期帰省の際に寺で天保年間の人たちの墓石から亡くなった月を調べるようお願いしたのです。すると，夏の７月，８月，９月の３か月間に亡くなった人がとても多かったことがわかりました。推察するに，この時代は，現代のように空調や下水道の設備が整っていないので環境・衛生の状況がとても悪く，食生活も質素だったので夏の酷暑に堪えられなかったのではないでしょうか。そしてなかでも高齢者や体の弱い人たちは夏を越すことができずに亡くなっていったのでしょう。そのようなとき「甘酒が体力回復に即効性があったのではないか」と私は考えました。

そこで甘酒を分析してみたところ，甘酒にはブドウ糖が20％を軽く超えて入っていることがわかりました。甘酒を温かくして飲んだときのあの甘味のもとです。このほか米のタンパク質も麹菌の酵素によって必須アミノ酸群に変えられ，豊富に含まれていることがわかりました。なかでも特筆すべきなのはビタミン類です。麹菌が米の表面で繁殖するとき，ビタミンB_1，B_2，B_6，パントテン酸，ビオチンなど生理作用に重要不可欠のビタミン群を多量につくり，それを米麹に蓄積させるためにきわめて多く含んでいることがわかったのです。このビタミン類が甘酒には溶け出しており，その吸収率は90％以上，サプリメントを飲むよりも甘酒を飲んだほうが

図4.2 甘酒の保健的機能性とその活用

図4.2のつづき

甘酒の成分は
病院の点滴と同じ
点滴
朝ごはんが
とれないときや
食欲がないときに
飲んで脳を活性化！
豊富な食物繊維と
オリゴ糖が
腸内環境を整える
めざせ！
甘酒de
健康美人！
便秘や肌荒れの
改善に効果がある⁉
あれ？
おいしく飲むための
レシピは173ページに！

断然よいのです。

このようなことから江戸時代における甘酒は「必須アミノ酸強化飲料」かつ「総合ビタミンドリンク剤」であったといえるでしょう。

こうして「甘酒は夏バテ（疲労回復）に効く」と夏に頻繁に飲まれるようになり，甘酒売りが夏の風物詩となって季語も夏に移ったのではないでしょうか。

そしてこの甘酒ですが，今日，私たちの生活のなかにも用いられています。それは何だと思いますか。それは病院に入院するとたいていされる点滴（輸液）です。点滴は栄養補給のためにブドウ糖液と必須アミノ酸類，ビタミン類の溶液からできています。つまり，この成分は甘酒と同じようなものからできているのです。この発酵を経た滋養食品「甘酒」が現代医学にとり入れられているとはとても驚きです。

このほか甘酒には麹由来の食物繊維やオリゴ糖が豊富に含まれているので腸内環境を整え，便秘や肌荒れの改善にもよいとされています。また，朝ごはんを食べる時間がないときや食欲がないときは，とりあえず甘酒を飲んで脳を働かせてみるのもよいのではないでしょうか。冷たい甘酒は温めた甘酒に比べて甘味を強く感じることはなく飲みやすいのでおススメです。上手に活用してみてください。

4.3 味噌

味噌のタンパク質含有量は，米味噌10〜13%，麦味噌10%，豆味噌18%前後と豊富で，昔から米やイモなどを主食としてきたデンプン主食型民族の日本人にはとても貴重なタンパク源でした。なかでも，タンパク質を構成するアミノ酸の必須アミノ酸であるリジンやロイシンが多く，またビタミン類やミネラル類も豊富に含まれているので，栄養面において昔から日本人を大いに支えてくれている発酵食品です。

その保健的機能性はというと，発酵によって生じたリン脂質の一種レシチンに高血圧予防の効果があり，リノール酸には心臓や脳髄中の毛細血管

図4.3 味噌の保健的機能性とその活用

老化や免疫力の
低下をもたらす
活性酸素
抗酸化作用
アンチエイジング!?
60歳です♪
お味噌はお味噌汁でとりいれましょう
少量の酒粕を
溶いて入れると
味もまろやかに
なって身体も
温まります
野菜や海藻を
たっぷり入れて
食物繊維も
いっしょに摂取!
はふー

を丈夫にするはたらきがあることがわかっています。

さらに，味噌汁の摂取頻度と胃癌死亡率との関係における疫学調査において，味噌汁を毎日飲んでいる人とほとんど飲まない人を対象に調査したところ，味噌汁の摂取頻度が高くなるほど胃癌の死亡率は低くなることがわかりました。さらに，味噌汁を毎日飲む人は胃癌のほかに，全部位の癌，動脈硬化性心臓疾患，高血圧，胃・十二指腸潰瘍，肝硬変などの死亡率がそれぞれ低くなることも観察されています。この胃癌などの癌に関係する発癌性物質は変異原性物質（細胞に突然変異を起こさせる物質）ととても密接な関係にあります。現在の研究によると，味噌に含まれる脂溶性物質リノレン酸エチルエステルに抗変異原性があることが認められています。このほか，味噌特有の茶色の色素成分であるメラノイジンには強い抗酸化作用があり，老化や免疫力の低下をもたらす活性酸素を抑えるはたらきがあります（原料である大豆にも抗酸化物質サポニン，イソフラボンがあります）。またこのメラノイジンは放射能除去にも有効といわれています。

ではこのような効能をもつ味噌を上手にとるにはどのようにするのがいちばんよいのでしょうか。それは味噌汁にすることです。味噌の食塩濃度は12％程度，味噌汁にすれば１％程度（味噌汁１杯約1.4 g）ですから，１回の摂取量としては決して多い量ではありません。それに近年，味噌の摂取で血圧が上昇することはないといわれています。それでも気になるようであれば，今は減塩味噌もありますから，そちらを利用するとよいでしょう。そして味噌汁をつくる際には，具材に野菜をいっぱい入れて食物繊維を多くとることも心がけてみてください。

4.4 酢

日本において酢を使った料理の記載は古くは『万葉集』で，その第一六に「醤酢（ひしおす）に蒜搗（ひるつ）き合（か）てて鯛願ふわれにな見せそ水葱（みぎ）の羹（あつもの）」と記されています。酢は，塩と酒と醤油とともに古くからとても重要な調味料とされ，当時，これらを「四種（くすし）」と呼んでいました。そしてこの４種の調味料は小さな器に盛られ，食膳に置く風習があったとされています。その後，奈良時代には青菜や茄子の酢漬け，ごま酢やからし酢，蓼酢（たでず）といった和（あ）え酢，中

世では米飯に酢を混ぜる酢飯に，そして調理法が発展してくると押しずしや早ずしの原型ができあがってきたとされています。

このように酢が昔からとても重宝され賞味されてきたのには理由が4つあるのです。1つめは，酸味を味わうことで食欲増進作用をもたらすため，2つめは酢のもつ強い殺菌力と防腐力を用いて魚介類を酢漬け，酢〆，酢洗いに，米を酢飯にして食材を保存するため，3つめは調理において材料の生臭みを消したり，塩辛さをやわらげたり，ゴボウやレンコンなどのアク抜きや変色防止のためです。

そして最後はみなさんもご存じの，酢は昔から体をやわらかくする，動きを機敏にする，疲労に効く，動脈硬化や脳卒中・高血圧予防によい，糖尿病予防によいなどの保健的機能性です。これについては多くの人が体験的に知っており，酢を意識的に摂取していたことからもうかがい知ることができます。しかし，この体験的な保健的機能性も今日においては医学的・生理学的な研究により科学的に解明されてきています。

その酢の効能が一般的に知られたきっかけとなるのが，アメリカ・バーモント州の住民の罹患率が低く，長寿の人が多くみられる現象ことにありました。これはどうも地域特有の「バーモント酢（リンゴ酢と蜂蜜を混ぜたもの）」を摂取しているからではないかと推察され，実際に調査したところ，バーモント酢飲用者は非飲用者に比べて肉体疲労の度合いが少ないことがわかったのです。このほかにも，例えば，高血圧症患者に臨床的に酢を毎日一定量投与したグループと投与しなかったグループとを比べたところ，血中総コレステロール値や中性脂肪値が減少し，老化防止効果も含まれているとされています。

また，酢によって体内の脂肪分解促進効果がもたらされることも認められ（実際には体内における脂肪合成系代謝の阻害），さらには高血圧症発生機序であるアンジオテンシン系の酵素を阻害する成分も発見されました。ほかにも糖尿病に対する効果，肥満抑制効果，脂肪肝改善効果，過酸化脂質抑制効果，抗腫瘍性効果などが実験的に認められてきています。

このように酢にはさまざまな効果があり，その効果を期待してしまいますが，あまり過大評価しないよう摂取してください。

図4.4　酢の保健的機能性とその活用

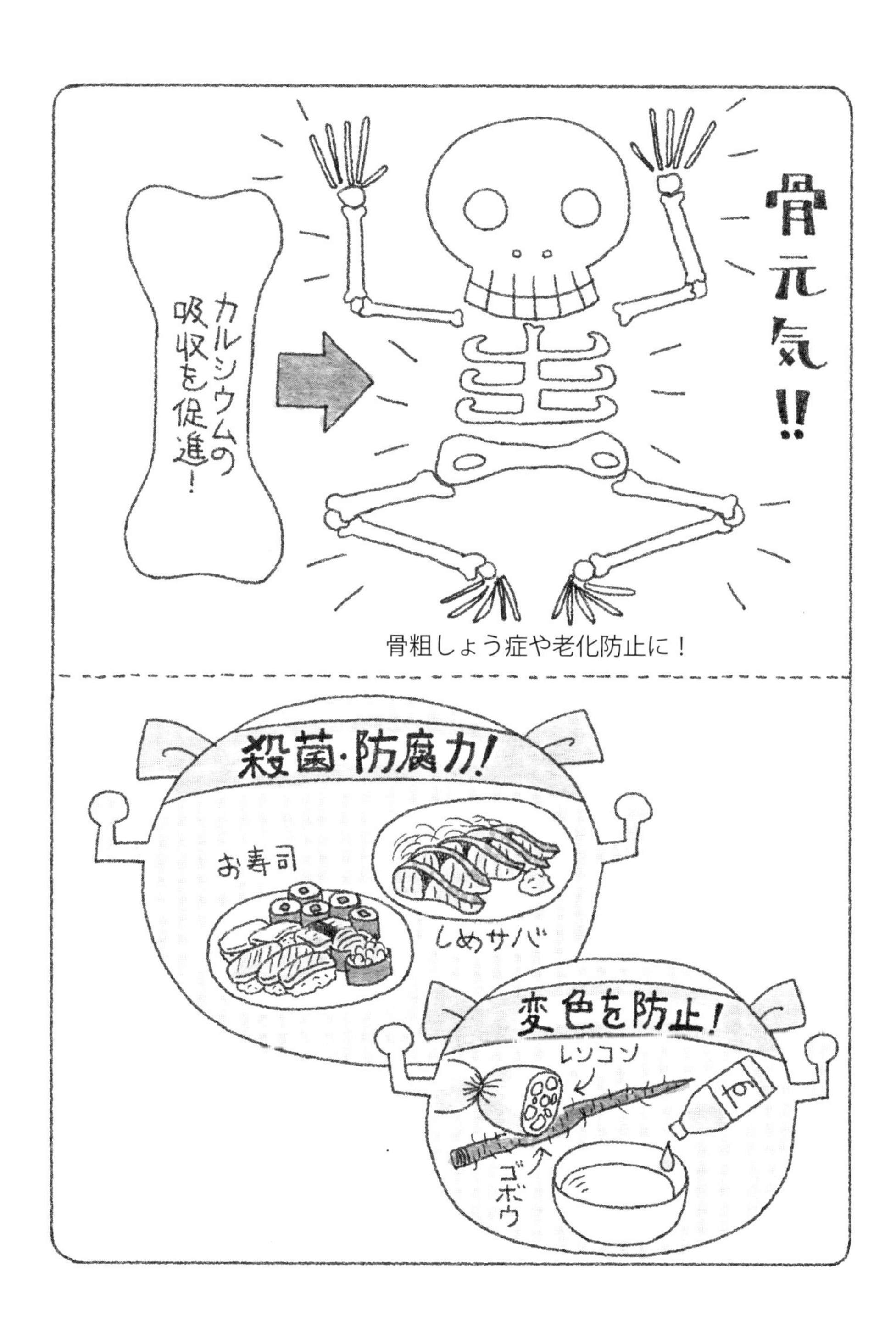
カルシウムの
吸収を促進！
骨元気!!
骨粗しょう症や老化防止に！
殺菌・防腐力！
お寿司
しめサバ
変色を防止！
レンコン
ゴボウ

麹の豆知識8

酸っぱい酢が苦手な人にはフルーツビネガーがおススメ

酢には酸っぱいイメージがあり，飲むなどもってのほかと思われる方もいらっしゃることでしょう。しかし，それも今は昔，多くの人に飲んでもらえるように企業もさまざまな酢を販売しています。そこでおススメしたいのが「フルーツビネガー」です。名前のとおり，フルーツ（果物）を原料として発酵し，酢をつくっています。以前はリンゴくらいしかありませんでしたが，今ではマンゴー，パイナップル，マスカットなどさまざまなフルーツが使われ，その香りと味を楽しみながらとても飲みやすくなっています。夏は水や炭酸水，冬はお湯で割って飲むとよいでしょう（酢：水＝1：4が目安）。大人の方には同じ発酵食品である焼酎で割るのもおススメです。また牛乳を少しずつ加えてよく混ぜるとタンパク質の変性により（フルーツフレーバー）ヨーグルトみたいになります。これは牛乳に含まれるタンパク質のカゼインが酢の酢酸に反応することで起きる現象です。

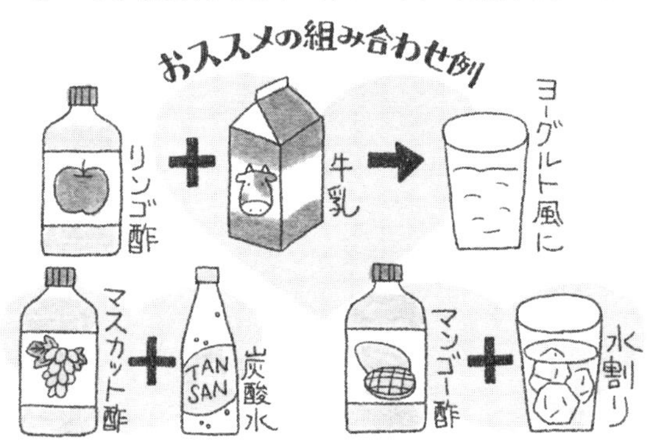

4.5 味醂

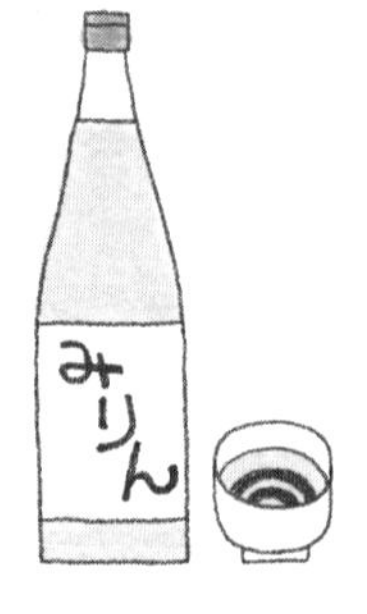

味醂の主な成分は，麹菌の酵素作用により生成される糖分（グルコース，イソマルトース，高級オリゴ糖など），アミノ酸（グルタミン酸，チロシン，ロイシンなど）で，微量に有機酸（乳酸，ピログルタミン酸，クエン酸など）や香気成分があります。

江戸時代に庶民の調味料となった味醂は，いろんな糖分やアルコールを含むことから単に甘味を付与するためだけではなく，砂糖とは違った次の7つの調理効果があります。①砂糖と比べてさまざまな糖分で構成されているので上品に仕上がる，②加熱することで光沢度が高いグルコースと旨味成分が結合して照りやつやを出す，③麹の発酵作用によって生成するアミノ酸やペプチドなどの旨味と糖分，有機酸が絡み合い，深いコクとうま味が引き出される，④アルコールとともに加熱することで臭みを消すはらたきがある，⑤糖類とアルコールの作用により植物性の食材はデンプンを溶出し，動物性の食材は筋繊維の崩壊を抑制する，⑥アルコールのはたらきにより食材に速く浸透するとともに糖類，アミノ酸などの旨味成分も浸透しやすくなる，⑦抗酸化活性により，みりん干しなどの脂質の過酸化と香りの劣化を抑制する。

このように調理において万能な調味料である味醂は，保健的機能性においても近年，注目を集めるようになりました。味醂の主な保健的機能性をここで2つ紹介します。

ひとつは，着色度の高い味醂（つまりは熟成期間の長い味醂）は，糖と

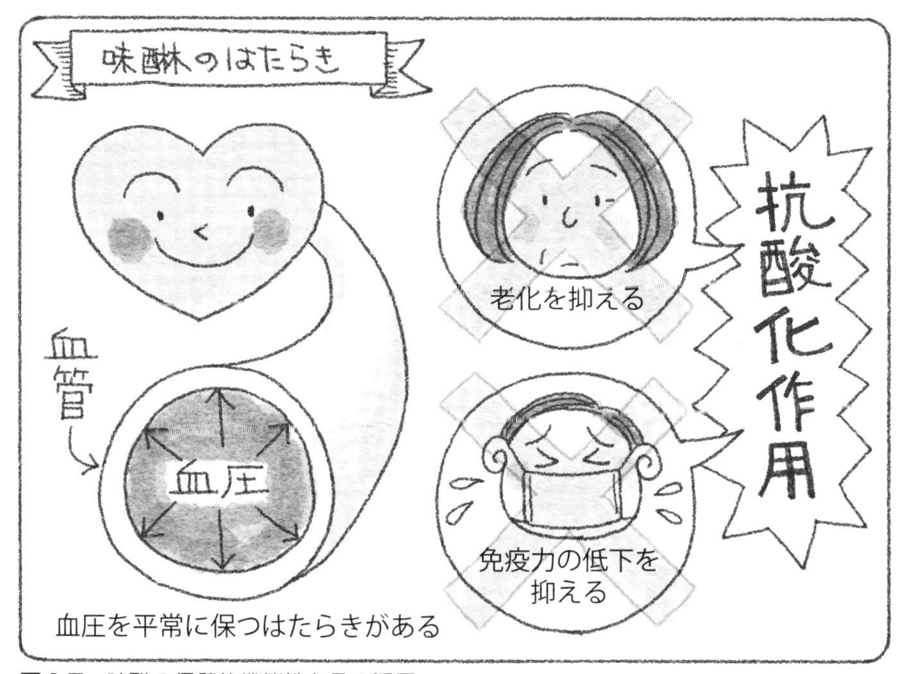

図4.5 味醂の保健的機能性とその活用

図4.5のつづき

みりん
コクと旨味を
引き出す
上品な甘み
酸化を防止
照りやつやを出す
味をしっかり
浸み込ませる
臭みを消す
煮崩れを防ぐ

アミノ酸によるアミノカルボニル反応において生成する着色物質メラノイジンに抗酸化性があることが明らかになっています。そしてもうひとつは，米麹同様，アンジオテンシンⅠ変換酵素（ACE）があり，血圧を正常に保つ（血圧の上昇を抑制する）はたらきがあります。そしてACE阻害活性は着色度が高まると同時に高まります。

4.6 漬物

漬物は，『延喜式』第三十九巻の「内膳」の部に記述があり，古くから日本人がつくっていたことは第２章で述べたとおりです。その漬物には，次の６つの特徴があります。

１つめは，漬物の種類がたくさんあること。とくに江戸末期から明治時代においては，その土地の気候風土を活かした名物の漬物が続々と誕生しました。北海道にはコンブ，スルメ，カズノコなどを味醂醤油で漬けた松前漬，秋田のいぶりがっこ，仙台の長なす漬，栃木県の小ナスのからし漬，東京のべったら漬や福神漬，北日本のカブラ寿し，塩ブリの麹漬け，ハタハタ鮓，小鯛ささ漬，フグの糠漬け，静岡県のワサビ漬，愛知県の守口漬，京都の千枚漬やしば漬，すぐき，和歌山県の梅干し，滋賀県の鮒鮓，奈良県の奈良漬，山陰の赤カブ糠漬け，福井県や鳥取県のらっきょう漬，広島県の広島菜漬，岡山県のママカリ酢漬，四国の橙酢の赤カブ漬，佐賀県のクジラの軟骨を粕に漬け込んだ松浦漬，宮崎県のダイコンの日向漬，鹿児島県の薩摩大根の山川漬など，数え上げるときりがないくらいあります。おそらく日本には漬物が600種類以上あるとされており，まさに世界一の漬物王国といえるでしょう。

２つめは，漬汁や漬床の種類が豊富なこと。世界の漬物の多くが酢漬やワイン漬などの液体に浸けるのですが，日本は醤油，醤油諸味，味醂，米酢，塩だし汁，梅酢，清酒，焼酎など多くの漬液があり，なんといっても他の国にはない固体状の漬床の豊富さには驚かされます。例えば，酒粕，味噌，糠，麹，溜などです。

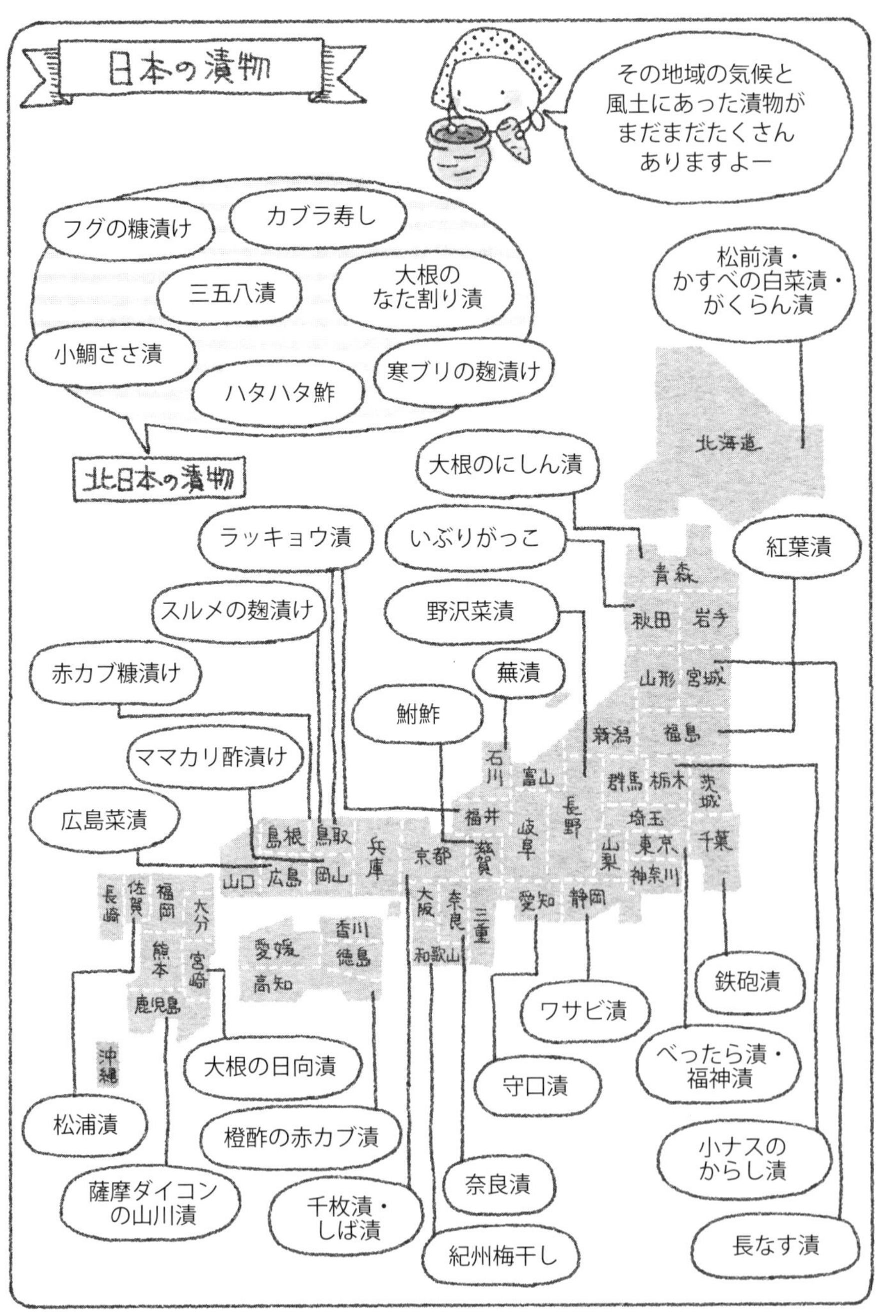

図4.6　日本の代表的な漬物 MAP

大半は直接あるいは間接的に麹と関係しています。

3つめは，漬ける材料が豊富で多彩なこと。ハクサイ，カブ，ナス，キュウリ，アオナ，ウリ，ダイコン，トウガン，ショウガ，ゴボウ，ミズナ，タカナ，ニンジン，ワサビ，カラシナ，ノザワナ，ラッキョウ，ヒロシマナ，ヨメナ，ミョウガ，フキ，ワラビ，ゼンマイのような菜類，タイ，サワラ，マナガツオ，マグロ，フグ，カツオ，ニシン，イカ，サケ，マス，ヤマメ，アユ，イワナ，カニ，エビ，コダイ，タコ，タラ，シイラ，ムツ，イワシ，アジ，ブリ，アコウダイ，メヌケダイ，アカウオなどの魚類，コンブ，ワカメ，メカブ，ノリ，モズク，アオサ，ミル，マツモ，オゴ，アラメなどの海藻類，豚肉，牛肉，鯨肉，イルカ肉，鶏肉，鴨肉などの肉類，シイタケ，マツタケ，ハツタケ，シメジ，マイタケ，ナメコ，クリタケ，エノキダケなどの食菌類，桜の花，菜の花，菊の花などの食用花まで，これまた数え上げればきりがないほどあります。

4つめは，漬け方にさまざまな方法があること。漬汁や漬床に応じ，材料のもち味を活かすよう上手に工夫されているほか，漬け込み時間の長短で，即席漬け，一夜漬け，当座漬け（浅漬け），早漬けといった短期の方法から，老(ひ)ね漬け，古漬けといった長期の方法があります。このほか，下漬け，水漬け，二度漬け，中漬け，本漬けのような漬け込む材料に何度も何度も丹念に手を加えているのもすばらしい特徴のひとつです。

そして5つめは，なんといっても微生物の関与による発酵漬物の豊富なこと。これは日本の漬物の最大の特徴になります。さらに6つめは，健康志向性がきわめて高い食品ということです。この最後の2つの特徴について次に詳しく述べていきましょう。

日本の漬物は漬物の最大の特徴となる，漬け込む原料が微生物の作用を直接受けない「無発酵漬物」と，なんらかのかたちで微生物の作用を受けた「発酵漬物」に大きく分けることができます。前者は酢漬け（酢酸菌によってつくられた酢は漬けた材料に微生物は直接作用しない）やワイン漬け，福神漬，醤油漬け，梅干しなどがあり，後者には糠漬け，三五八漬，麹漬け，カブラ漬，飯鮓（熟鮓）などがあります。

漬物中に生育して活躍する有用な微生物は乳酸菌と酵母です。乳酸菌は一夜漬けでも浅漬けでも発酵は起こり，乳酸が生成すると同時に原料の青臭みが消え，熟れた風味になります。そしてその乳酸菌は，食塩濃度，漬床の種類，温度，水素イオン指数（pH）など漬け込む環境により菌の種

乳酸菌と酵母が働く糠床に野菜を漬け込むことで糠がもっている
栄養や旨味が野菜に浸み込みおいしい漬物ができます。

類が異なります。例えば，糠漬けや浅漬けで活躍する乳酸菌 *Leuconostoc mesenteroides*（ロイコノストック メッセンテロイデス）は，食塩耐性が強く，食塩濃度８％以内のもののみに生育し，生育温度 20～25℃と比較的低温で発酵しますが，塩辛などの水産発酵食品や醤油などで活躍する乳酸菌 *Pediococcus halophilus*（ペデオコッカス ハロフィルス）は 15～18％の高い食塩濃度で発酵します。このように乳酸菌はそれぞれに合った活動環境を選択して繁殖し，そこで乳酸やエチルアルコールなどを生成して前者の乳酸菌であれば漬物に独特の酸味と風味をつけているのです。酵母は漬物中で発酵し，主にエチルアルコールや高級アルコール，エステル，硫化系化合物，カルボニル化合物，揮発性有機酸などのにおい成分を漬物に賦与するとともに，各種有機酸を生成し，熟れた味をつくり出します。その代表的酵母は *Saccharomyces*（サッカロマイセス）属，*Torulopsis*（トルロプシス）属，*Debaryomyces*（デバリオマイセス）属などがあります。このように乳酸菌や酵母などの微生物の生育バランスによって発酵漬物の良し悪しが決まります。

そして最近では，漬物には動脈硬化，癌，心臓病，高コレステロール，糖尿病といったいわゆる生活習慣病予防に効果があることが明らかになり，健康を支える妙薬とまでいわれています。

なぜいまになって漬物が見直されるようになったのか。それは戦後の洋食化と飽食にあります。戦後，日本人の食生活は糖類や肉類，乳製品といった高カロリー，高タンパク質，高脂肪の食品を過剰に摂取し，生活習慣病患者やその予備軍を急激かつ膨大に増加させました。このような食生活になると食物繊維の摂取量が減ることは予想され，案の定，１日あたり17〜20 g 摂取していたものが５gと激減してしまったのです。そこで食物繊維食品が着目され，さまざまな研究が行われるようになると，食物繊維を多量摂取すると一連の生活習慣病が防止できることがわかったのです。その症例とは，宿便から起こる大腸癌，高カロリー動物性食品摂取過剰による高コレステロール症，動脈硬化症，肥満，心臓病，糖尿病などで，研究から水に溶けるペクチンなどの繊維が血液中のコレステロールや胆汁酸の排泄を促進し，動脈硬化や心臓病の予防に役立ち，不溶性の繊維は胃や腸などで消化器官を物理的に刺激してインスリンやホルモンの分泌を高めて便秘を解消し，糖尿病や直腸癌などを防ぐメカニズムが生じることがわかったのです。

そこで食物繊維を多く含む食べ物である野菜に注目が集まりました。なかでも野菜を使用する漬物は，野菜から水分が抜けた食べ物なので繊維含量が相対的に多くなり，食物繊維を濃縮したかたちで摂取できるという長

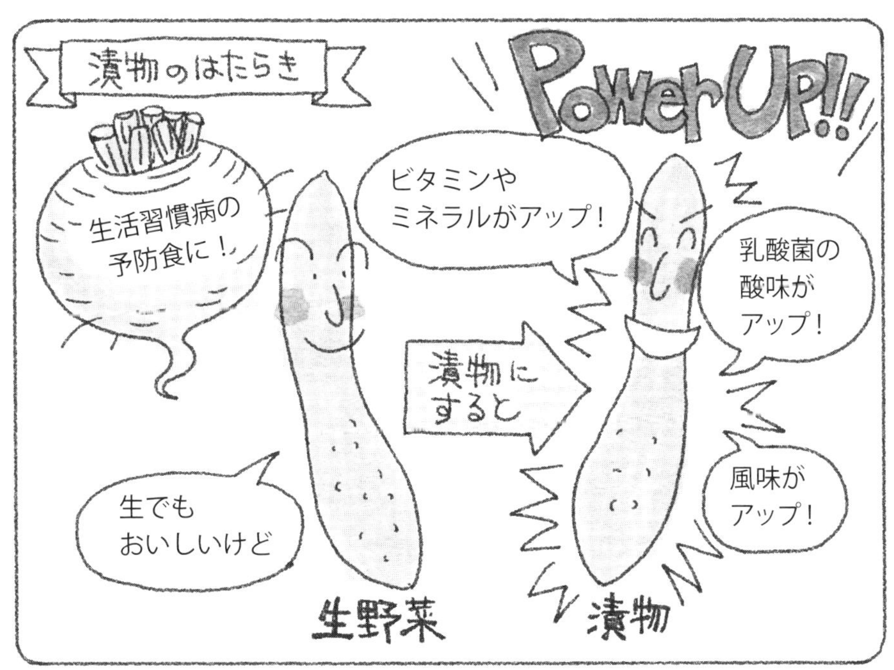

図4.7 漬物の保健的機能性

麹の豆知識9

日本のキムチはキムチであってキムチじゃないのが多い

みなさんは日本でいちばん食べられている漬物（生産量第１位の製品）は何だと思いますか。それは，日本独特のたくあんなどの漬物ではなく，お隣の国，韓国のキムチです。ご存知かと思いますが，キムチは「和食」とともに2013年「キムジャン（キムチづくり）文化」としてユネスコの世界無形文化遺産に登録されています。韓国では寒い時期に新鮮な野菜が入手しにくいため，秋の終わりから冬の初めに多くのキムチを漬けておく習慣があるのです。

キムチは韓国では「白菜などの野菜に食塩，唐辛子，ニンニク，魚介の塩辛などを混ぜ，低温で乳酸発酵させた発酵食品」です。しかし，日本にあるキムチと呼ばれるものは，日本人の嗜好に合わせ，発酵をできるだけ避けた賞味期限30日の乳酸発酵をさせない製法でつくられている非発酵の浅漬キムチが大半なのです。この発酵の有無により次のような違いが現れます。韓国のキムチは時間とともに乳酸発酵し熟成することで旨味が増しておいしくなるのですが，日本の浅漬キムチは発酵していないので旨味はなく（あっても化学調味料のだし汁の旨味），時間とともに味がおちて腐敗してしまうのです。

このようなことからもやはり「発酵」のなせる技はすばらしいものです。是非に正式な製法でつくられたキムチを食べてください。

キムチの効能はといいますと，漬物とほぼ同じですが，乳酸菌と食物繊維がとても多いので整腸作用があり，また唐辛子やニンニクが大量に使われているので代謝をよくし，食欲を増進してくれます。私の大好物である納豆と合わせると，ものすごく食欲が増進され，パワフルなW（ダブル）発酵食品になります。

所がありました。そのうえ，繊維のほかに野菜にあるビタミンやミネラルなどの微量栄養成分が漬物ではそのまま直接吸収されるので生活習慣病の予防食として脚光を浴びたのです。

このような発酵漬物は日本ばかりでなく海外にもみられます。チェコスロバキアやユーゴスラビアの長寿村のキャベツの乳酸発酵物，トルコやイランの山中にある長寿村の茶葉の一種を発酵させたものなどです。これらの海外における発見により日本でも長寿村の調査が行われ，やはりいくつかの該当地域では低塩性の漬物を摂取していることがわかっています。よって漬物は，今後，さらに健康維持のための食品として注目されるでしょう。

塩分が多い多いといわれる漬物ですが，そんなにたくさん食べるもの，食べられるものでもありません。漬物に使用する野菜を塩分調整とともにきちんと乳酸菌と酵母で発酵させ，適量食べつづけること，それが食物繊維たっぷりでヘルシーな健康発酵食品「漬物」としての効果を得ることができるのです。

4.7 鰹節

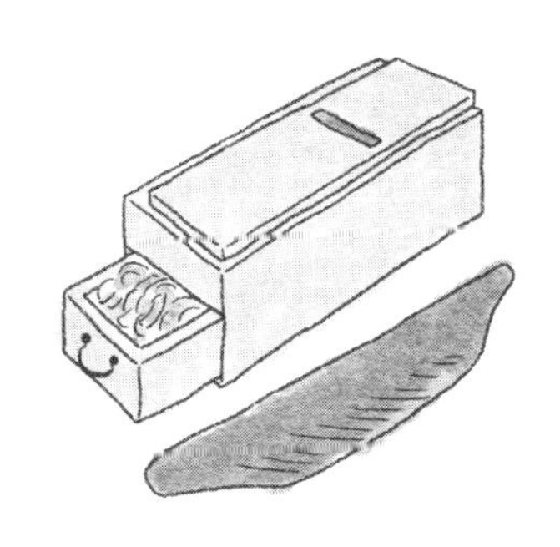

生育に大量の水分を必要とする麹菌を巧みに応用してつくり上げた，世界一硬い発酵食品である鰹節は，旨味成分をとても多く含み，鰹節を削って出汁（だし）をとれば，どんな日本料理をもおいしくしてくれる万能かつミラクルな発酵食品のひとつです。そして，その上品な鰹節の旨味は，日本人の味覚を大いに発達させて日本独特の食文化をつくり，いまや「和食　日本人の伝統的な食文化」として 2013 年 12 月，ユネスコの世界無形文化遺産にまでなりました。

一般に日本人以外の民族は，食味は「五味（ごみ）：甘味，辛味，酸味，苦味，鹹味（かんみ）（塩辛い）」なのですが，日本人は鰹節からもうひとつの食味である「旨味」を見つけ出し，「六味（ろくみ）」としました。

この6つめの「旨味」の成分ですが，主な成分はアミノ酸類と核酸（イノシン酸）になります。鰹節の製造工程において，鰹節菌（ここでは鰹節のカビ付け用菌種のこと。後述）は節の表面で水分を吸収しながら繁殖する一方で，さまざまな酵素を生産し，それを鰹節内部に送り込んでいます。その酵素群のなかに，カツオの魚体の主な構成成分であるタンパク質を分解してアミノ酸にするタンパク質分解酵素プロテアーゼがあり，それが作用して旨味の主要成分であるアミノ酸を蓄積させるのです。イノシン酸もこのような酵素作用により生成されるので，抜群の旨味が相乗してくるのです。

このように，水を吸いとったり，旨味成分を蓄積させたりしてくれるありがたい鰹節菌は，麹菌（*Aspergillus*（アスペルギルス）属）の仲間 *Aspergillus glaucus*（グラウカス）グループに属している菌種が使用されています。

では次に，鰹節がミラクルな発酵食品である所以（ゆえん）について述べましょう。

鰹節を削って出汁をとると，出汁に魚の油脂成分がまったく浮かんでいないことと思います。あんなに脂肪がのっているカツオを原料としているのにどうして油脂成分が浮かんでいないのでしょうか。鶏ガラや牛テール，豚骨などを煮込んでつくるフランス料理や中国料理に使う出汁は油脂成分が溶出してスープに浮いているというのに。カツオのあの脂肪分はいったいどこに消えてしまうのでしょうか。

答えは，発酵中の鰹節菌が油脂成分を分解してしまうからです。

鰹節菌であるカビは，鰹節の表面で，増殖中に油脂分解酵素リパーゼを分泌し，油脂成分を脂肪酸とグリセリンに分解し，さらにその分解物を資化（栄養源にして利用，つまりは食べてしまうこと）してしまうので油脂成分が浮かないのです。

このように油脂成分が浮かない出汁は鰹節以外にもあります。それは昆布（グルタミン酸）と椎茸（しいたけ）（グアニル酸）です。これら3つの出汁はどれも質素ですが，格調は高く，上品できめも細かく，日本料理の芳香性を決定する要因になっています。またこれら3つの旨味が合わさると，よりいっそうおいしさが増し，そこに醤油が加わると味に深みが増します。

このように，日本の出汁は，粋や上品さ，淡泊さのなかにある優雅で奥深い味をもち，なおかつ油脂を伴わないミラクルな出汁といえるでしょう。そういう出汁を使うからこそ，日本ならではの精進料理，懐石料理，普茶（ふちゃ）

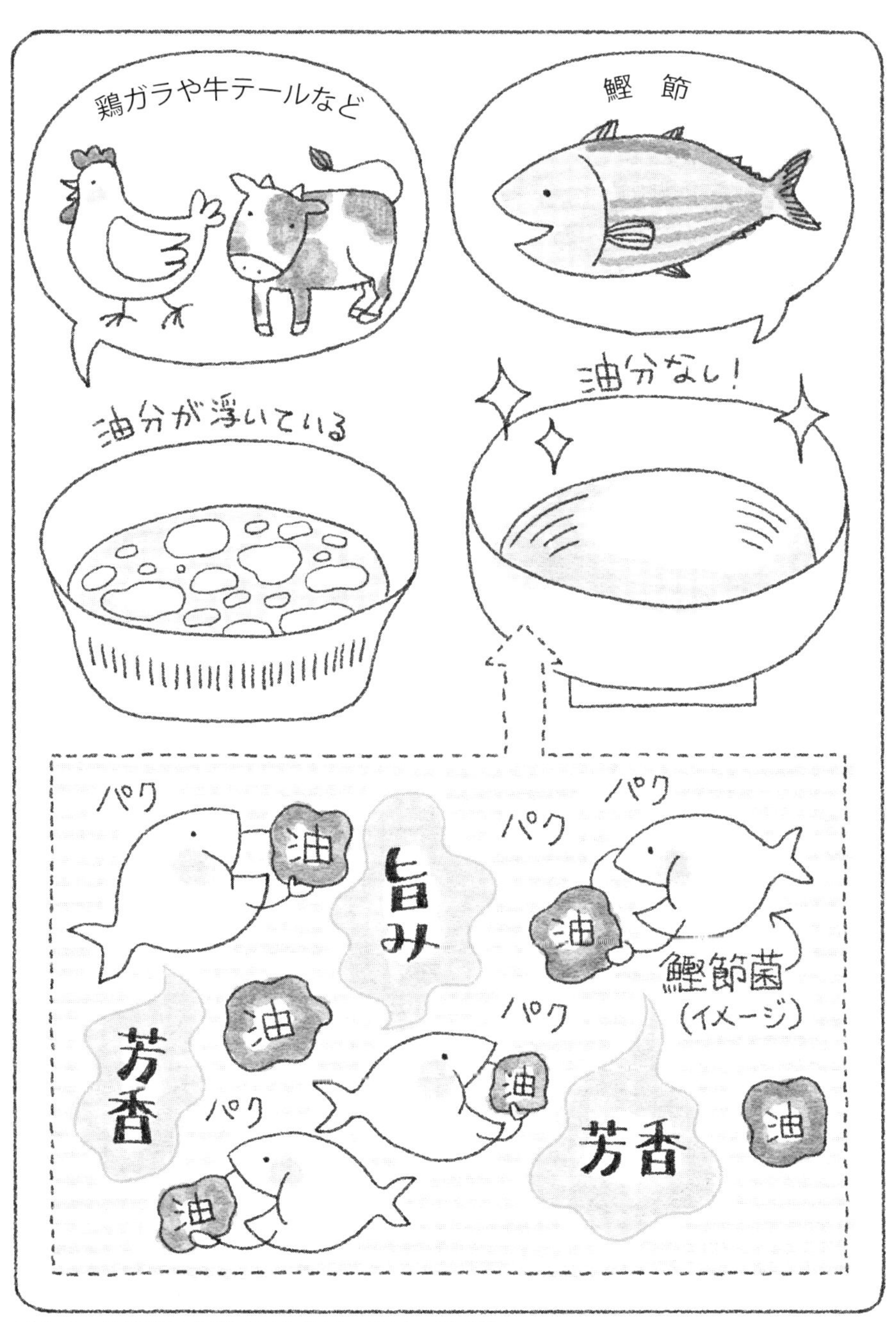

図4.8　鰹節出汁と鶏ガラや牛テールスープの違い

鰹節でとる出汁は，旨味と芳香性があるので日本料理をおいしくしてくれる万能，かつ油脂成分が浮かないミラクルな出汁です。

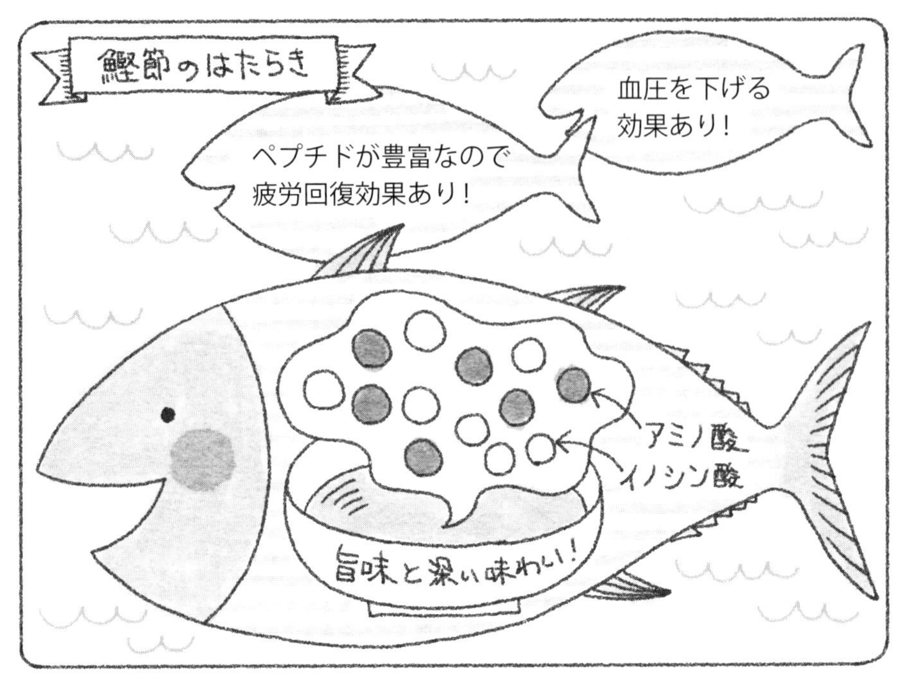

図4.9 鰹節の保健的機能性とその活用

料理といった侘び寂び料理が誕生したのではないでしょうか。

この鰹節の保健的機能性ですが，鰹節はペプチド（アミノ酸がいくつか結合した物質）をもっとも多く含む食品なので，疲労物質である乳酸を分解する酵素を活性化するペプチドは疲労回復によいとされています。また，最近では降圧作用があるともいわれています。また最近の研究では，鰹節にはバレニンやアンセリンといった活力源（スタミナ）を高める特殊アミノ酸が多く含まれていることがわかり，この点からも注目されています。

このような効果があるということは，鰹節でとった出汁に具材を入れて発酵調味料である味噌をといた日本独自の料理「味噌汁」というのは理に適った料理といえるのではないでしょうか。味噌汁が長く愛されつづけるだけの理由がわかるような気がします。昨今は味噌汁を飲む人が少なくなったといわれていますが，このすばらしい魅力を知ったからには，今一度その良さを見直し，是非飲むよう心がけてほしいものです。

4.8 熟鮓

熟鮓（なれずし）は魚と塩と米飯で乳酸発酵させた発酵食品で，魚の保存方法のひとつとして，また滋養食としてとても重宝されています。地域により使用する魚が異なり，さまざまな熟鮓があります。

この熟鮓については，私が（財）日本発酵機構余呉研究所にいたときに調査・研究したときの話を紹介しましょう。

琵琶湖琵琶湖の周辺に住み，長く鮒鮓（ふなずし）を食べてきた人たち，ならびに同じ滋賀県の鯖街道の道中筋に住み，長く鯖熟鮓を食べてきた人たち約 2,000 人を対象に「鮒鮓または鯖熟鮓をこれまで食べ，どのような保健的効果があったか」という調査・研究を行いました。調査地域は，鮒鮓は彦根市，今津町，長浜市，大津市，高島市（旧 マキノ町，高島町）の琵琶湖周辺の市，鯖鮓は鯖街道で有名な高島市（旧 高島郡朽木村や伊香郡余呉町）などです。

鮒鮓の調査結果は，お通じがよくなる（便秘の解消），下痢が止まる，疲れた胃がすっきりする，疲労が回復する，風邪に効くという回答順でした。なかでもおもしろいなぁと思ったのは「お通じがよくなる（便秘の解消）」と「下痢が止まる」という回答です。これらは「出す」「止める」という相反症状なわけですが，ともに効果があるとしています。この共通点は何なのか。それは「整腸剤」としての作用があるということです。これは私たちが下痢で乳酸菌製剤を飲み，便秘に乳酸菌で発酵したヨーグルトを食べるのに似ています。現に熟鮓には乳酸菌が多く含まれているので整腸作用があるということはわかっています。このほかにもビタミン類やミネラルが豊富で疲労回復によいとされています。

ほかの回答では「風邪に効く」というのがどういうことなのか聞いてみました。すると多くの人が同じようなことをいいます。丼に熟鮓を入れて，上から熱湯をかけたものを飲む。すると異常なくらいまで汗をかくのですぐに寝る。するとまたどんどんどんどん汗をかき，翌日にはすっかり治ってしまうと。これに関しては証明するのは難しいですが，体験的に脈々と

図4.10 熟鮓の保健的機能性

語り受け継がれているのでしょう。このほかにも，女性は産後の母乳の出具合がよくなったとか，男性は精力増強によいという回答もありました。

そして鯖鮓の調査でもだいたい鮒鮓に似たような回答を得ました。

このように熟鮓は薬食的な食べ方が昔からなされていたというわけです。薬が今のようにたくさんない時代，滋養強壮剤のような効能をもつ熟鮓を生み出し，食していた日本人はやはりすごい知恵のある民族であったといえるでしょう。

和歌山県新宮市の東宝茶屋では今でも「サンマの熟鮓の 30 年もの」を壺に入れて販売しています。そこには効能書があり，薬食であることが裏づけられています。

4.9 豆腐よう

琉球王朝時代に伝来した，麹と泡盛を含んだ醪に陰干し乾燥豆腐を漬け込んで熟成させた沖縄伝統料理豆腐ようには，血圧抑制効果のあるアンジオテンシンⅠ変換酵素（ACE）見つかっており，動物実験からも血圧上昇抑制に寄与することが確かめられています。このほか，赤血球変形能抑制作用，脂質代謝改善および抗酸化作用なども報告されています。しかし豆腐ようにおいては，このように知見が得られつつある状況なので，今後の研究成果が期待されます。

このように発酵食品にはさまざまな保健的機能性があること，おわかりいただけましたでしょうか。これらを「健康」と「美容」のために利用しないてはありません。ただし，条件があります。食べること，つまりは栄養を摂取すること全般にいえることですが，その食品だけをある期間だけいっぱい食べるということはしないでください。一時の機能性はあるかもしれませんが本来の機能を発揮することはありません。何事も「続けること」が大事です。毎日少しずつでかまいません，習慣化することです。私が 70 歳を過ぎた現在も元気に世界中を飛び回り，肌艶がよいのは，まさに

「発酵食品」のおかげと自負しています。ですから「発酵食品」を賢く利用して「健康」と「美容」を手に入れてください。そして「健康」のためには「運動」と「睡眠」も大切です。どれもバランスよく行ってください。

麹の豆知識10

日本が誇るすばらしい発酵食品「糸ひき納豆」！

麹を使用しませんが，これだけは紹介させてください。それは日本が誇る発酵食品「糸ひき納豆（以下，納豆）」です。これは実に優れた発酵食品です。

納豆に用いる大豆は，タンパク質が100 g中16～17 gと豊富で，「畑の牛肉」といわれています（ただし牛肉はコレステロールが多いですが，納豆はほとんどありません）。この大豆を納豆菌で発酵させるとビタミンB_2が増加し，成長促進体内の代謝を活性化させてくれます。このほかにもビタミンB_1，B_6なども多く，B_1は脚気，しびれ，筋肉痛，心臓肥大，食欲減退，神経症の防止を，B_6は皮膚炎の皮膚炎を防ぐとされています。またミネラルも豊富で，とくに亜鉛は女性のホルモン関係の機能を高めてくれます。このほか，カルシウムやビタミンK_2もあるので骨粗しょう症予防にもよいのです。

そしてなんといって

も納豆には2つの重要な酵素であるナットウキナーゼとアンジオテンシンⅠ変換酵素（ACE）があります。ナットウキナーゼは血栓の主成分フィブリンを溶解するので血液をサラサラにする血栓溶解剤として使用されています。アンジオテンシン変換酵素は抗血圧上昇性酵素で，高血圧の降下作用があります。

このように，納豆は栄養価がとても高く保健的機能性があるわけですが，私がなかでも一押しの理由，それは「納豆菌が大腸菌よりも強い」からです。

私は世界中を旅するのですが，たまに食事や水が合わずお腹をこわしてしまうことがあります。そんなときに糸ひき納豆の乾燥したもの（乾燥納豆つくり方は下図を参照）がその威力を発揮してくれます。

納豆菌は，異常な高温や乾燥に耐えることができ，繁殖力が非常に強いので，ほかの微生物の増殖を抑えてくれるのです。このほか，納豆菌がつくる消化酵素には，デンプン，タンパク質，脂肪の消化・吸収をよくしてくれる機能があります。これぞまさに万能発酵食品。みなさん，騙されたと思って旅のお供に持っていってみてください。

乾燥納豆のつくり方

材料（つくりやすい分量）
納豆…6パック（300 g）
片栗粉…小さじ1
塩…小さじ1

つくり方
①納豆と片栗粉小さじ1/2と塩をよく混ぜて皿などに薄く広げる。

②天日で4～5日干して乾燥させ、（一日一回よく混ぜる）片栗粉小さじ1/2をふりかけて、密閉袋などで保存する。

●出典一覧　敬称略

＜口絵＞（ページ順）

日本の麹菌：ニホンコウジカビ（*Aspergillus oryzae*）　高橋康次郎（元 東京農業大学）
カワチコウジカビ（*Aspergillus kawachii*）　髙峯和則（鹿児島大学）

さまざまな麹菌：米麹（味噌用）・豆麹・麦麹　マルコメ株式会社
米麹（焼酎用）　髙峯和則（鹿児島大学）

３種の麹菌による種麹と麹：種麹，黄麹・白麹・黒麹　髙峯和則（鹿児島大学）
黄麹菌(*Aspergillus oryzae*)，白麹菌(*Aspergillus kawachii*)，
黒麹菌（*Aspergillus luchuensis*）
独立行政法人　酒類総合研究所

日本の醤油５種　しょうゆ情報センター

吟醸用米の精米　坂口栄一郎（東京農業大学）

味醂の貯蔵期間と着色の度合い　高橋康次郎（元 東京農業大学）

しょっつるの発酵工程　株式会社諸井醸造

豆腐よう：紅麹・黄麹，漬け込み　株式会社紅濱
紅麹菌子嚢胞子　株式会社秋田今野商店

＜本文＞

図 1.4　宮本敬久，食品微生物の基礎，図 2.2，p.12，講談社（2013）

写真 1.3　大英博物館

写真 1.4　株式会社糀屋三左衛門

表 2.4　マルコメ株式会社，発酵食品学，表 2.1-1，p.191，講談社（2012）

本書の刊行にあたり，多くの方々に資料提供をご協力いただきましたこと，心より感謝の意を表し，ここに厚く御礼申し上げます。そして今回の執筆においては，これまでの著書等を参考または加筆引用したところもありますので，その旨ご了承下さい。

麹料理コーナー

ここからは麹料理研究家のおのみさが
簡単につくれておいしい
麹のレシピを紹介します。
麹を使った料理を毎日食べて
麹の恩恵をまるごといただいてしまいましょう!
甘酒
塩麹
味噌
酒粕

麹を使った調味料のなかで、いちばん簡単につくれると思われる「塩麹」。塩と水と米麹というシンプルな材料ですが、麹の酵素が自身の原料である米のデンプンを糖に分解するため、うまみや甘みがたっぷりの、広範囲に使える、おいしい調味料になります。

塩麹のつくり方

材料（つくりやすい分量）
麹…200g
塩…60g
水…乾燥麹の場合は300ml
　　生麹の場合は200ml
※できれば塩は自然塩を、水はミネラルウォーター（日本の軟水など）をお使いください。

1

麹は塊であれば手で割ってもみほぐして粒状にしておく。

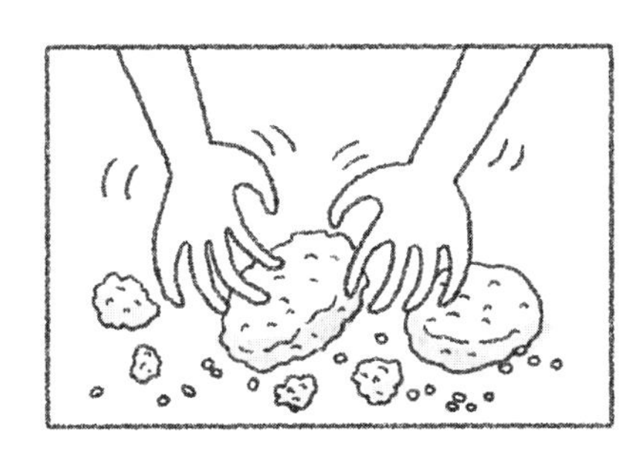

2

1に塩を入れてよく混ぜてなじませ、水も加えてよく混ぜる。

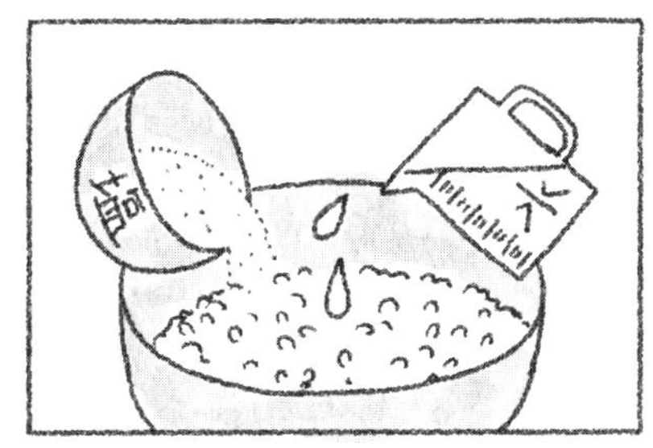

3

麹が発酵するとガスを含んでふくらむため、大きめの保存容器に七分目くらいになるように入れ、麹が呼吸できるように蓋はゆるめにしめておく。

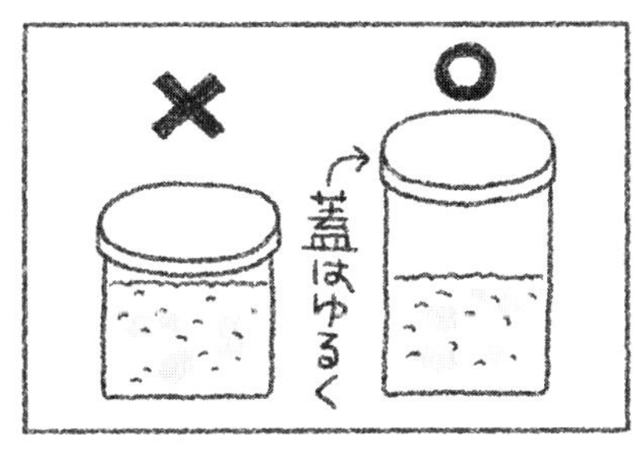

4

常温に1～2週間置き、一日一回よく混ぜ、麹の粒がやわらかくなって、ふんわりと甘い香りがしてきたらできあがり。常温でもいいですが、できれば冷蔵庫で保存します。半年くらい保存可能。

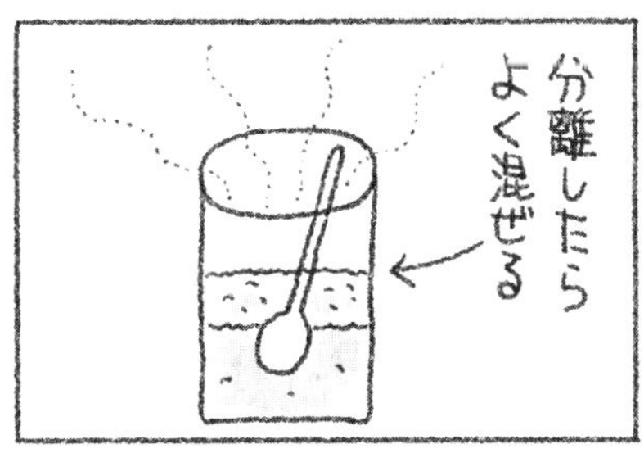

※ 冷蔵庫に入れても麹は少しずつ発酵するので、ときどき混ぜてください。味や風味も変化していきます。

できあがった塩麹を使って、肉や魚を漬けて焼いてみましょう。麹の酵素が肉や魚の繊維を分解するのでとてもやわらかく仕上がりますし、臭みも消えてうまみがアップし、麹特有の味や風味も楽しめます。

肉や魚の塩麹漬け

材料（つくりやすい分量）
肉や魚の切り身など…適量
塩麹…素材の重さの約１割
※鶏のもも肉、むね肉なら大さじ１前後、豚ロース肉や魚の切り身なら小さじ２くらいです。

1

素材の表面に分量の麹をぬり、ラップでくるむ。

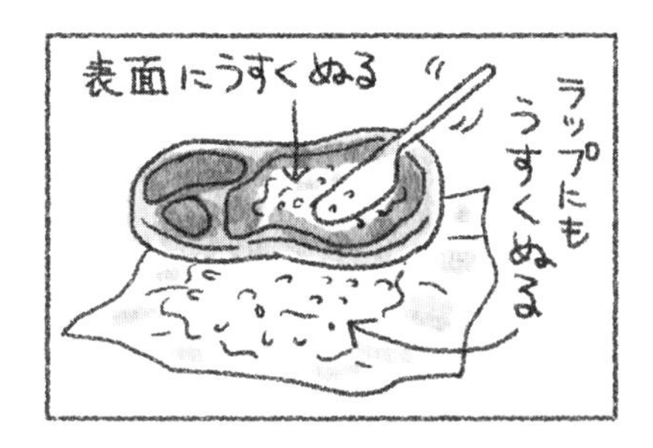

2

ジッパー付きの袋などに入れて冷蔵庫で30分～3日くらい置いておく。時間をおくほうがより麹の風味が強くなります。

3

そのまま焼いてもいいですが、焦げやすいので塩麹をぬぐってから焼く。

豚ロースの塩麹漬け焼き

材料（2人分）
豚ロース厚切り肉…2枚（180g）
塩麹…大さじ1強
油…適量

つくり方
①左頁の要領で豚ロース肉に塩麹をぬってラップでくるみ、ジッパー付きの袋などに入れて冷蔵庫で一晩～3日くらい置く。

②そのまま、または塩麹をぬぐい、フライパンに油をひいて中火にかけ、蓋をしながら両面を色よく焼く。

③食べやすい大きさに切る。

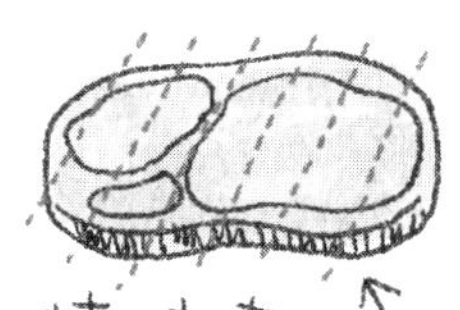

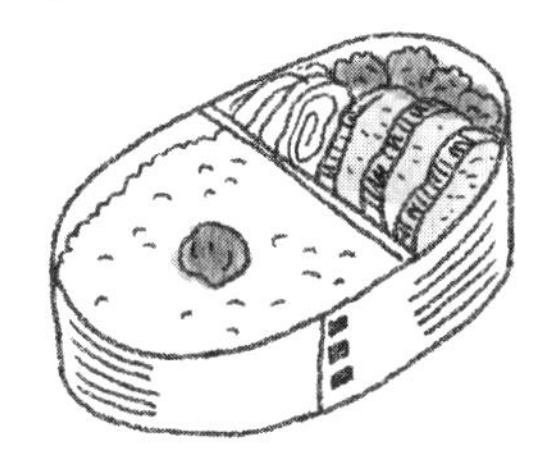

冷めてもやわらかいのでお弁当などに。

いかの塩麹漬け焼き

材料（2人分）
いか…1杯
塩麹…大さじ1～1と1/2
油…適量

つくり方
①いかは胴から足をわたごと引き抜き、軟骨をとり除く。足とはらわたを切り分け、くちばしをとり除く。足をしごいて吸盤もとり除いておく。

②左頁の要領でいかに塩麹をぬってラップでくるみ、ジッパー付きの袋に入れて冷蔵庫で一晩～3日くらい置く。

③そのまま、または塩麹をぬぐい、中火で熱したフライパンに油をひいて焼き色がつくまでいかを焼き、裏返して火を弱め、蓋をしながら蒸し焼きにする。

④食べやすい大きさに切る。

いかがふっくらやわらかくなって、
お酒のおつまみにも最適。
酒蒸しにしても。

レバーの塩麹煮

材料（2人分）
鶏レバー…100g
塩麹…大さじ1/2
酒…適量
しょうが…1片

つくり方

①鶏レバーは脂肪や血の塊をとり除き、ひと口大に切って水にさらしてよく洗い、水気をきる。

②①に塩麹をもみこんでジッパー付きの袋などに入れ、空気を抜いて口を閉じ、冷蔵庫で一晩漬ける。

③鍋に①がひたひたになるくらいの水と、薄切りに切ったしょうが、酒を少し加えて中火にかけ、沸騰したら弱火にしてアクをとり、落とし蓋をして10分煮込み、火を止めてそのまま冷ます。

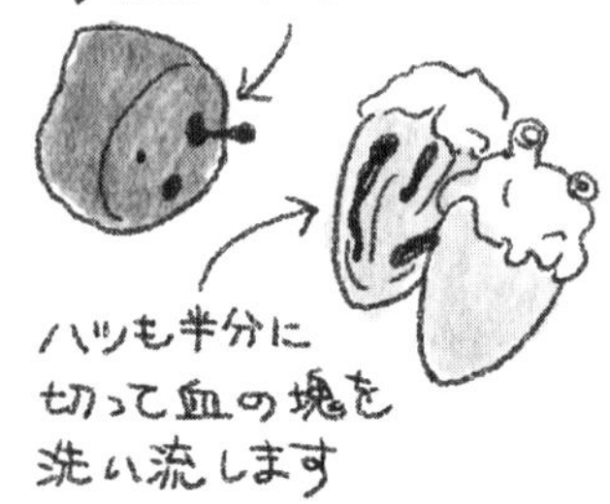

レバーの臭みがなく、
ふっくらとやわらかくなります。

青のり風味の鶏ハム

材料（つくりやすい分量）
鶏むね肉…1枚（300g）
塩麹…大さじ2
青のり…小さじ2

つくり方

①鶏肉は皮をとり除いて厚みを包丁で切り開き、塩麹をまぶしてラップで包み、ジッパー付きの袋などに入れて冷蔵庫で一晩～3日くらい置く。

②ペーパータオルで①の水分をふいて片面に青のりをふり、この面を内側にして巻く。ラップでキャンディ状に包んで端を結ぶ。さらにアルミホイルでくるんでおく。

③②を鍋に入れて水をひたひたになるくらい注ぎ、強火にかける。沸騰したら火を弱めて10分ゆで、火を止めてそのまま冷まし、人肌くらいになったら冷蔵庫で冷やす。

④アルミホイルとラップをとり、食べやすい大きさに切る。

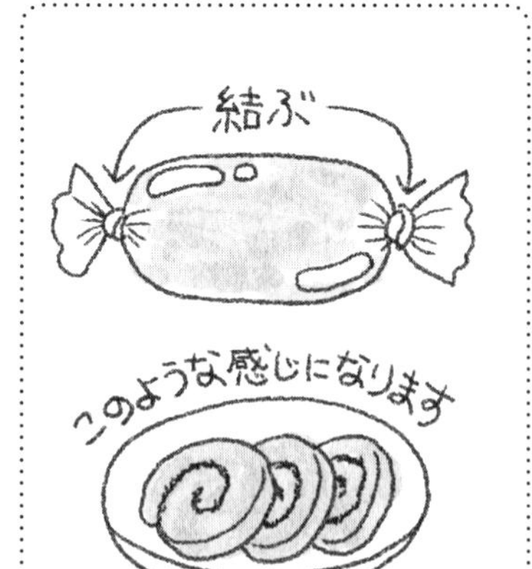

②でラップをきっちり包んで、
ハムの形にするのがポイント！

刺身の塩麹カルパッチョ風

材料（2人分）
刺身（鯛、サーモン、ホタテなど）…200g
Ⓐ塩麹…大さじ1
　オリーブオイル…小さじ1
　ゆずこしょう…少々

つくり方
①刺身は食べやすい大きさに切る。

②Ⓐをよく混ぜ、①に和える。

貝割れ菜やルッコラなど、お好みのつけ合わせ野菜を添えてどうぞ。

さんまの塩麹煮

材料（2人分）
さんま…2尾
塩麹…大さじ1
Ⓐ酒…50ml
　水…50ml
しょうが、ネギの青い部分など

つくり方
①さんまは頭と内臓をとって半分に切り、塩麹に漬けておく。

②鍋にⒶと、臭みをとるためのしょうがやネギを入れて火にかけ、沸騰したら①を入れ、中弱火でやわらかくなるまで煮る（圧力鍋なら沸騰してから7分くらい）。

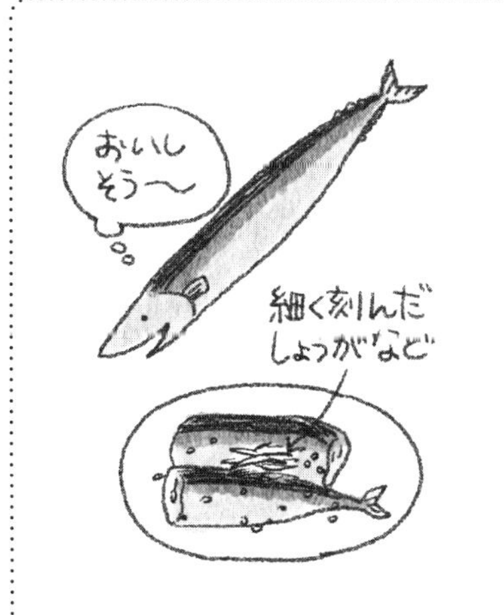

冷めてもおいしいのでお弁当にも。
圧力鍋を使えば小骨も食べられます。

塩麹を使うと、野菜の漬物も簡単につくれます。そのまま漬物として食べてもいいし、時間が経って酸味がでてきたものでも、スープの具にしたりチャーハンやパスタに入れてもおいしくいただけるので、漬けておくと便利です。

野菜の塩麹漬け

材料（つくりやすい分量）
好みの野菜…適量
塩麹…素材の重さの約１割

1

はかりの上にボウルをのせ、ポリ袋やジッパー付きの袋をかぶせ、好みの大きさに切った野菜を入れる。

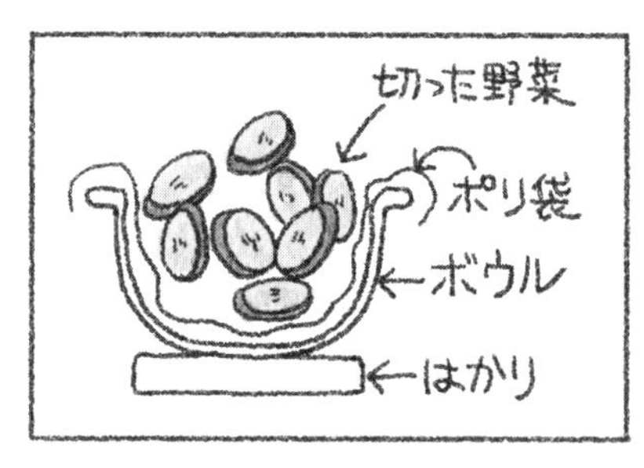

2

野菜の重さを量り、重量に合わせた分量の塩麹を入れ、袋をふって全体をよく混ぜる。

3

空気を抜いて袋を密閉し、冷蔵庫で保存する。よく漬かったら密閉容器などに移し替えると出し入れしやすい。

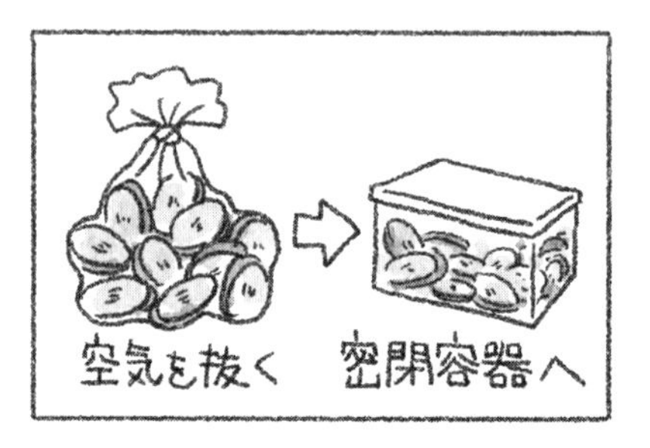

きゅうりとキャベツの漬物

材料（つくりやすい分量）
きゅうり…３本
キャベツ…３枚くらい
しょうが…１片
塩麹…大さじ３

つくり方

①きゅうりはタテ半分に切ったあと、厚さ5mmくらいの斜め切り、キャベツは一口大のざく切り、しょうがは千切りに切っておく。

②左頁の要領でジッパー付きの袋などに入れて塩麹をまぶし、空気を抜いて袋を密閉し、冷蔵庫で保存する。

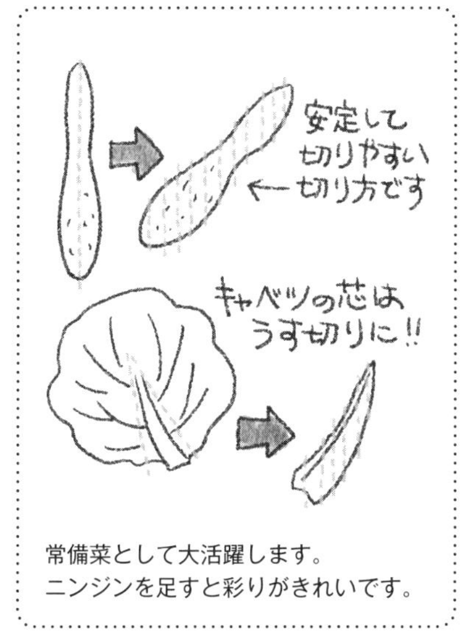

常備菜として大活躍します。
ニンジンを足すと彩りがきれいです。

トマト／ピーマンの漬物

材料（トマトの漬物）
トマト…２個
塩麹…大さじ２

材料（ピーマンの漬物）
ピーマン…６個
塩麹…大さじ２

つくり方

①トマトはヘタをとってくし形に切り、密閉容器などに入れて塩麹をまぶし、冷蔵庫で保存する。

②ピーマンは半分に切って種をとり、一口大に切って②左頁の要領でジッパー付きの袋などに入れて塩麹をまぶし、空気を抜いて袋を密閉し、冷蔵庫で保存する。

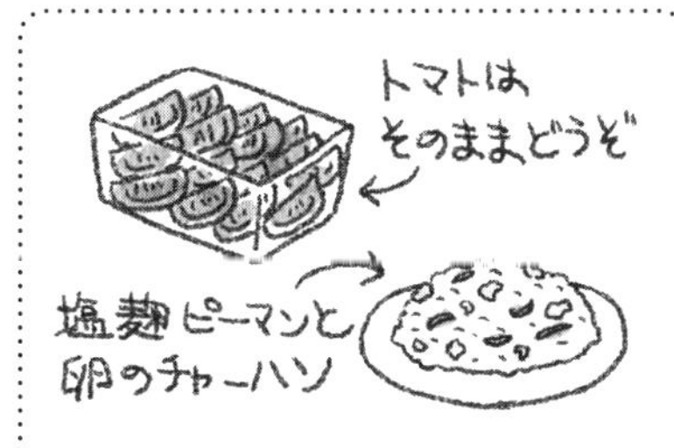

冷たく冷やしたトマトの塩麹漬物は夏に最適。やわらかいのでジッパー付きの袋より密閉容器のほうがいいです。ピーマンは漬けても歯ごたえが残るのでチャーハンなどに入れても。

肉や魚、野菜以外にも塩麹漬けはいろいろと楽しめます。ゆで卵やきのこ以外にも、豆腐やおからや納豆など、お好みで漬けてみましょう。塩麹は漬けるだけではなく、そのまま炒めものの味付けなどにも使えるのでとても重宝します。

ゆで卵の塩麹漬け

材料（つくりやすい分量）
卵…2個
塩麹…大さじ1

つくり方

①卵はとがっていないほうに軽くヒビを入れ、卵が入った鍋にひたひたになるくらいの水を入れる。

②沸騰してから6分半～7分半くらい茹でたのち、冷水にとって殻をむく。

③ポリ袋やジッパー付きの袋などに入れて塩麹をまぶし、冷蔵庫で一晩～1週間くらい漬ける。

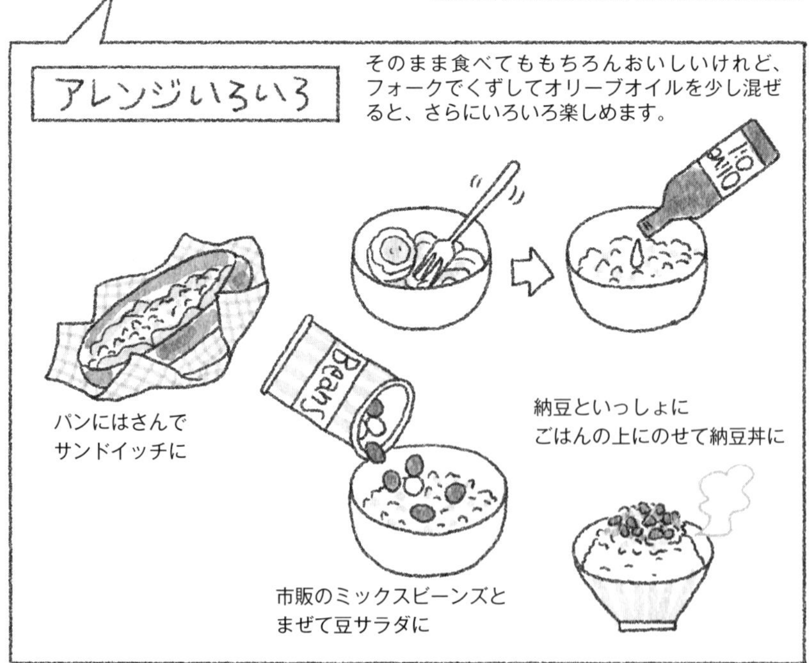

そのまま食べてももちろんおいしいけれど、フォークでくずしてオリーブオイルを少し混ぜると、さらにいろいろ楽しめます。

パンにはさんで
サンドイッチに

納豆といっしょに
ごはんの上にのせて納豆丼に

市販のミックスビーンズと
まぜて豆サラダに

ごぼうのスパイス炒め

材料（2人分）
ごぼう…1/2本
Ⓐ塩麹…小さじ1
　水…小さじ1
クミンシード…小さじ1/2
油…適量

つくり方
①ごぼうは皮をたわしなどでこすり落としたあと、タテ半分に切り、斜めに薄く切って水にさらしておく。

②フライパンに油をひいて中火にかけてクミンシードを入れ、パチパチと音がしたら①の水気をきったごぼうを入れて炒める。

③ごぼうがしんなりしてきたらⒶを加え、さらに炒める。

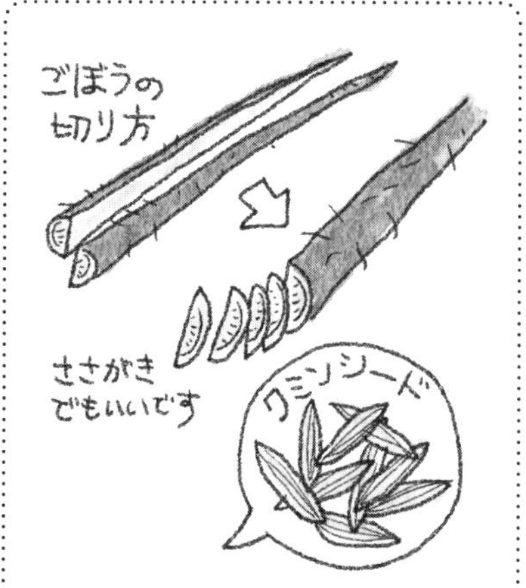

クミンシードは入れなくてもおいしいけれど、入れるとグッと味が本格的な感じになります

かじきとトマトのレンジ蒸し

材料（2人分）
かじきまぐろ切り身…2切れ
トマト…1個
にんにく…1片
Ⓐ塩麹　大さじ2弱
　乾燥バジル…少々
　こしょう…少々

つくり方
①トマトはヘタをとってざく切り、にんにくは薄切りにする。

②耐熱容器に①とⒶを入れ、その上にかじきまぐろをのせてふんわりとラップをし、電子レンジで1分半加熱し、かじきまぐろの上下を返してさらに1分半加熱する。

③器にかじきまぐろを盛り、耐熱容器に残ったトマトソースをかける。

残ったソースにパスタを絡めても
これまたおいしいです

保温さえできれば、甘酒は家でも簡単につくれます。麹が生み出す自然な甘さと複雑なうまみは、ただ飲むだけではなく、ジュースやお酒に混ぜたり、お料理の調味料に使ったりといろいろ楽しめます。

甘酒のつくり方

材料（つくりやすい分量）
麹…200g
白米（または炊いたごはん）…1合
水…白米の場合は500ml
　　炊いたごはんの場合は300ml

1

米と水を鍋で煮て、おかゆをつくる。
できたおかゆを60℃まで冷まして麹を入れる。
（熱すぎると麹の酵素が死んでしまうので60℃まで冷ましてください）

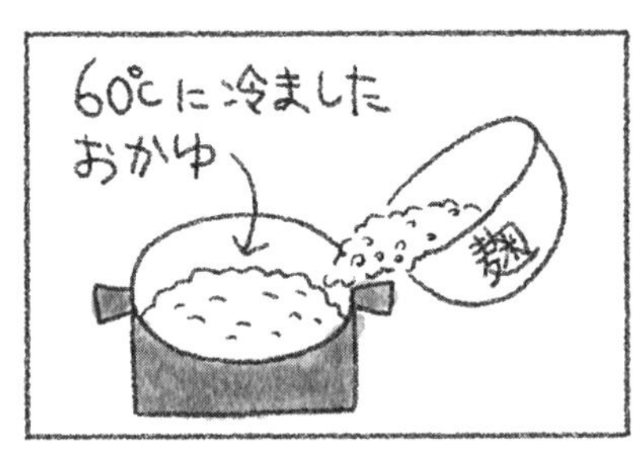

2

60℃で保温したまま、8～10時間置く。保温鍋や保温ポットを使ったり、鍋を毛布でくるんで温度を保ったり（途中で冷めたら60℃になるまで加熱する）、炊飯器に入れて蓋をあけたまま保温（布巾をかぶせる）する。

3

濃縮甘酒のできあがり。飲むときはお湯などで約2倍に薄める。保存は冷蔵庫へ、長期保存の場合は冷凍庫へ入れる。カチカチに固まらないので、そのまま食べることもできます。

※塩麹も上記の甘酒のつくり方2でつくると早く発酵し、8～10時間で使えるようになります。

甘酒のいろいろな飲み方

甘酒豆乳

材料（2人分）
濃縮甘酒…150ml
豆乳…300ml

つくり方
混ぜ合わせるだけ。温めても冷やしてもおいしい。お好みですりおろし生姜を入れても。

甘酒トマトジュース

材料（2人分）
濃縮甘酒…150ml
トマトジュース
…300ml

つくり方
混ぜ合わせるだけ。甘いトマト味。

甘酒ミルクティー

材料（2人分）
濃縮甘酒…150ml
無糖の紅茶
…200ml
牛乳…100ml

つくり方
混ぜ合わせるだけ。温めても冷やしてもおいしい。

甘酒ヨーグルト

材料（2人分）
濃縮甘酒…150ml
飲むヨーグルト
…300ml

つくり方
混ぜ合わせるだけ。ダブル発酵パワーをお試しください。

甘酒焼酎お湯割り

これはお酒です

材料（2人分）
濃縮甘酒…大さじ2
焼酎…160ml
お湯…240ml

つくり方
混ぜ合わせるだけ。焼酎とお湯の量はお好みで加減してください。

甘酒ラムソーダ

これはお酒です

材料（2人分）
濃縮甘酒…大さじ2
ラム…60ml
ソーダ…340ml

つくり方
混ぜ合わせるだけ。ちょっとお洒落な雰囲気でどうぞ。

※麹の粒が気になる場合は、ミキサーなどで粉砕してください。

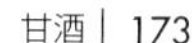

アスパラサーモンの甘酒マスタード和え

材料（2人分）
アスパラガス…3本
サーモン（刺身用）…100g
Ⓐ濃縮甘酒…大さじ1
　粒マスタード…小さじ1
　塩…少々

つくり方
①アスパラガスは固いところを切り落とし、ラップでくるんで電子レンジで30秒加熱して冷まし、3〜4mm幅の斜め切りにする。

②ボウルにⒶを入れてよく混ぜ、食べやすく切ったサーモンと①を加えて和える。

甘酒＋マスタードの意外なおいしさ！

厚揚げとトマトの煮込み

材料（2人分）
厚揚げ…1枚
トマト…1個
Ⓐ濃縮甘酒…大さじ1
　オイスターソース…大さじ1

つくり方
①厚揚げに熱湯をかけて油抜きし、一口大の大きさに切る。トマトはざく切りにする（気になる場合は皮を剥く）。

②鍋にトマトとⒶを入れて混ぜ、中火にかけて沸騰したら厚揚げを加え、煮汁が半分くらいになるまで煮つめる。

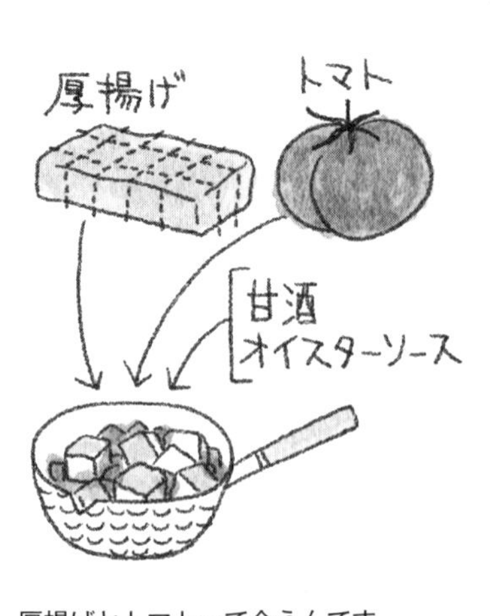

厚揚げとトマトって合うんです。
ごはんのおかずにも、おつまみにも。

ふわふわつくね

材料（小さめのもの20個分）
Ⓐ鶏ひき肉…150g
　はんぺん…大判1枚（110g）
　片栗粉…小さじ2
Ⓑ濃縮甘酒…大さじ1
　味噌…大さじ1
　酒…大さじ1
　油…適量

つくり方

①ボウルにⒷを入れてよく混ぜ、Ⓐも加えてはんぺんを手でつぶしながら粘り気が出るまでよく混ぜる。

②手に水をつけて小さく丸め、真ん中を少しつぶす。

③フライパンに油をひいて中火にかけ、②を焼く。焼き色がついたら裏返して弱火にし、蓋をして3～4分焼く。

はんぺんが入っているのでふわふわになります。すでに味がついているのでそのままお弁当などに入れてもいいです。

かぼちゃと豚ひき肉の甘酒煮

材料（2人分）
かぼちゃ…1/4個（600g）
豚ひき肉…150g
酒…小さじ2
Ⓐ濃縮甘酒…大さじ3
　水…150ml
醤油…大さじ2

つくり方

①かぼちゃは種とわたをとり、皮をまだらに剥いて食べやすい大きさに切っておく。ひき肉には酒をもみこんでおく。

②鍋を中火にかけて豚ひき肉を入れてゆっくり焼き、全体に色が変わったらⒶとかぼちゃを入れて蓋をし、ときどきかき混ぜながら中弱火で10分くらい煮る。かぼちゃがやわらかくなったら蓋をとって醤油を加え、水分をとばしながら5分くらい煮つめる。

豚ひき肉はじっくり焼いてからほぐしていきます。

いつもの煮物がひと味違う味に。
甘酒のやさしい甘さがよく合います。

麹料理コーナー　酒粕

安価で栄養豊富な酒粕は、粕汁以外になかなか使い道がないと思われがちですが、粕漬けにしたり料理に入れたりと使い方はいろいろあります。ディップやスイーツに使う場合はできるだけ質のよいお酒の酒粕を使いましょう。

肉や魚の粕漬け

材料（つくりやすい分量）
肉や魚の切り身など…適量
酒粕…適量
塩…適量

1

漬けたい肉や魚の表面に塩をパラパラとふり1時間ほど置いておく。水分が出てくるのでキッチンペーパーなどでふきとる。

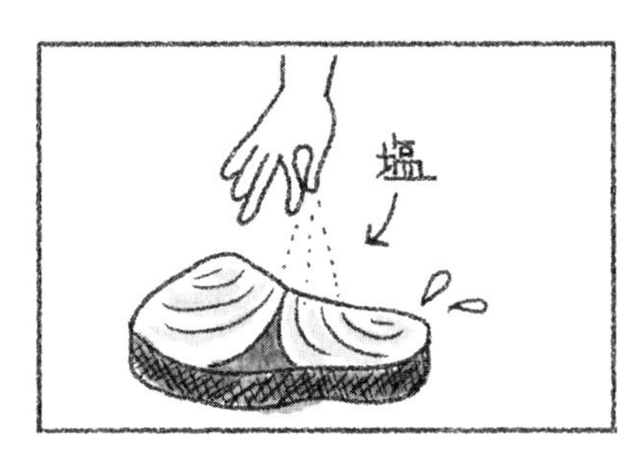

2

酒粕をうすく表面にぬり（固い場合は電子レンジで10～20秒加熱する）、ラップでくるみ、冷蔵庫で2～7日ほど寝かせる。

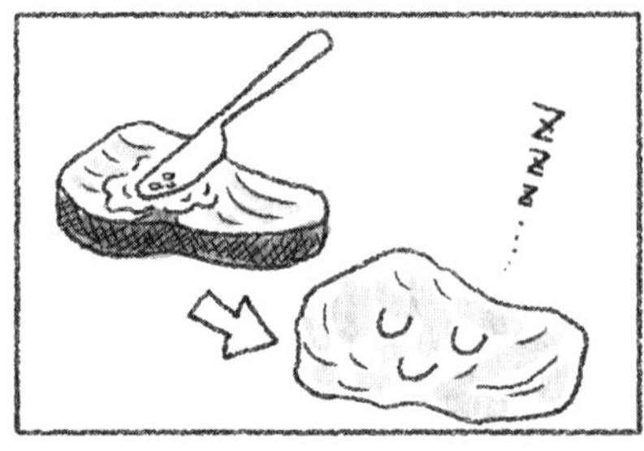

3

2の酒粕をぬぐって焼く。焦げやすいので注意する。

※酒粕はアルコールを含んでいます。小さいお子様やお酒に弱い方、車の運転をするときなどは十分にお気をつけください。

酒粕ディップいろいろ

ドライフルーツとくるみのディップ

材料（つくりやすい分量）
Ⓐ酒粕…50g
　クリームチーズ…50g
ドライフルーツ（レーズンなど）…60g
くるみ…30g

つくり方
①くるみはフライパンなどで軽く炒って粗く刻む。Ⓐは耐熱容器に入れ、電子レンジで10～20秒ずつ加熱し、よく混ぜる。
②①にドライフルーツを加えてよく混ぜる。

高菜のディップ

材料（つくりやすい分量）
Ⓐ酒粕…50g
　クリームチーズ…50g
高菜…30g
オリーブオイル…小さじ2

つくり方
①Ⓐは耐熱容器に入れ、電子レンジで10～20秒ずつ加熱し、よく混ぜる。
②刻んだ高菜とオリーブオイルを①に加えてよく混ぜる。

あずきのディップ

材料（つくりやすい分量）
酒粕…50g
ゆであずき缶…100g
バター…10g

つくり方
①バターは常温に戻す。酒粕は耐熱容器に入れ、電子レンジで10～20秒ずつ加熱し、バターとよく混ぜる。
②ゆであずきを①に加えてよく混ぜる。

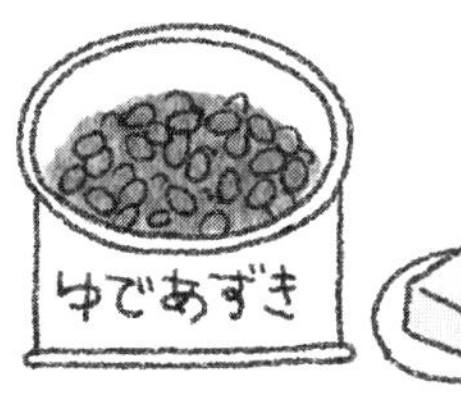

たらこのディップ

材料（つくりやすい分量）
酒粕…50g
カッテージチーズ…50g
たらこ…一腹

つくり方
①酒粕は耐熱容器に入れ、電子レンジで10～20秒ずつ加熱し、カッテージチーズとよく混ぜる。
②たらこの身をバターナイフなどでこそげとり、①に加えてよく混ぜる。

酒粕ディップは、うすく切ったバケットや食パン、お好きなクラッカーなどにのせてお召し上がりください。

酒粕チキンとピーマンのカレー炒め

材料（2人分）
鶏むね肉…1枚
Ⓐ酒粕…大さじ1と1/2
　塩麹…小さじ2
　カレー粉…小さじ1
ピーマン…6個
塩麹…小さじ2
油…適量

つくり方
①鶏むね肉を一口大の大きさに切り、Ⓐをよく混ぜてもみこみ、ポリ袋などに入れて冷蔵庫で一晩置く。

②フライパンに油をひいて中火にかけて①を炒め、色が変わったら一口大の大きさに切ったピーマンと塩麹を入れ、炒めあわせる。

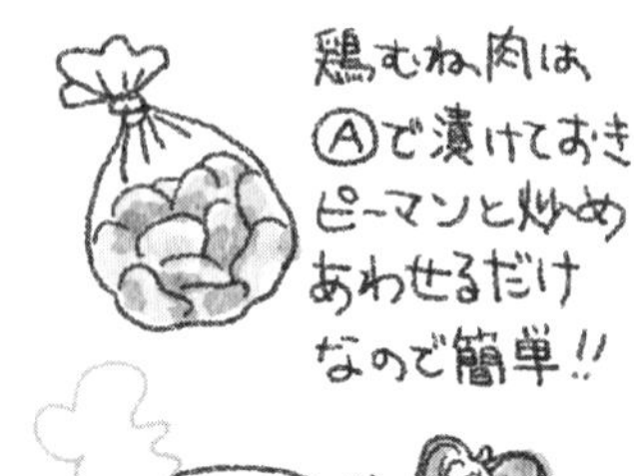

タンドリーチキンに用いるヨーグルトの代わりに酒粕を使って肉をやわらかくします。どこに持っていってもハズレなしの人気料理です。

さばの酒粕煮

材料（2人分）
さば…2切れ
しょうが…1片
ネギ…1本
Ⓐ水…100ml
　みりん…大さじ2
　塩麹…大さじ2
酒粕…大さじ2

つくり方
①さばは皮目に隠し包丁を十字に入れる。しょうがは薄切り、ネギは6cmの長さに切る。

②鍋にⒶと①を入れて中火にかけ、沸騰したらアクをとり、煮汁で酒粕を溶いて加える。

③落とし蓋をして中弱火で6～8分煮、火を止めてそのまま10分おく。

さばを酒粕で煮たら臭みもとれます。いっしょに煮込んだネギもおいしい。

※酒粕が固い場合は、電子レンジで様子をみながら10～20秒ずつ加熱してください。

酒粕シチュー

材料（2～3人分）
かぼちゃ…1/4個（100g）
玉ネギ…1/2個
ソーセージ…1袋（約140g）
クリームコーン（缶詰）…1缶（190g）
塩麹…大さじ3
水…300ml
豆乳…200ml
酒粕…大さじ4（60g）
油…適量

つくり方
①かぼちゃは種とわたをとり、皮をまだらに剥いて食べやすい大きさに切っておく。玉ネギは薄切り、ソーセージは2～3等分に切る。

②鍋に油をひいて中火にかけ、玉ネギと塩麹を入れて炒め、しんなりしてきたらかぼちゃとソーセージを加えて炒めあわせ、水を加えて蓋をし、かぼちゃがやわらかくなるまで煮る。

③酒粕を溶かし入れ、クリームコーン、豆乳を加えてひと煮立ちさせる。

シチューのルゥがなくても、
おいしいシチューがつくれます。

酒粕チョコ

材料（2人分）
板チョコ…1枚（約60g）
酒粕…60g
ココア…適量

つくり方
①板チョコは粗く刻んで耐熱容器に入れ、電子レンジで40秒～1分加熱してやわらかくする。酒粕もやわらかくしてよく混ぜる。

②バットや皿にココアをふりかけておき、少し冷ました①を直径3cmくらいの団子状に丸め、ココアをまわりにまぶし、冷蔵庫で冷やす。

洋酒にも合うスイーツです。酒粕はできる限り上質なもの使用してください。

麹料理コーナー　味噌

味噌を一からつくるのは少し大変だけど、市販の味噌に少し手を加えて、オリジナルのmy味噌をつくってみませんか？　このほかにも茹で野菜などのたれにしたりお料理に使ったりと、お味噌汁以外にも味噌をいろいろ使ってみましょう。ちなみに味噌汁にみりんをちょっと入れると味がまろやかになります。

酒粕味噌のつくり方

材料（つくりやすい分量）
味噌…150ｇ
酒粕…50ｇ
(あれば) クコの実…5ｇくらい

つくり方
酒粕は電子レンジで10～20秒ずつ加熱してやわらかくして味噌と混ぜ、あればクコの実も加えてよく混ぜる。酒粕味噌のできあがり。

クコの実（枸杞子）には滋養強壮、目の疲れを回復、血圧安定、安眠、肝機能の強化など、さまざまな薬効成分が含まれていますので、クコ入りの味噌は薬膳味噌などといわれています。毎日のお味噌汁で酒粕の栄養成分と、クコの実の薬効成分を両方をとりいれられます。

保存は冷蔵庫で。賞味期限は、お使いの味噌や酒粕と同じくらいを目安にしてください。

味噌だれいろいろ

ごましょうが味噌だれ

材料（つくりやすい分量）
味噌…大さじ1
白練りごま…小さじ1
しょうが…1片弱

つくり方

しょうがをすりおろし、その他の材料をよくまぜる。

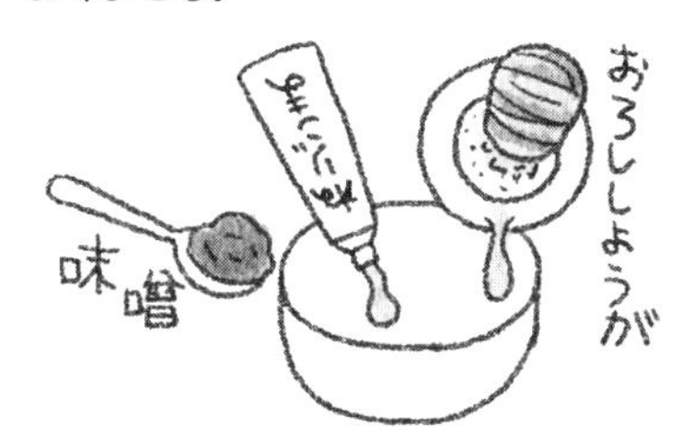

豆腐やこんにゃくの田楽などに。

ママ味噌だれ

材料（つくりやすい分量）
味噌…大さじ1
マヨネーズ…小さじ2
粒マスタード…小さじ1

つくり方

すべての材料をよく混ぜる。

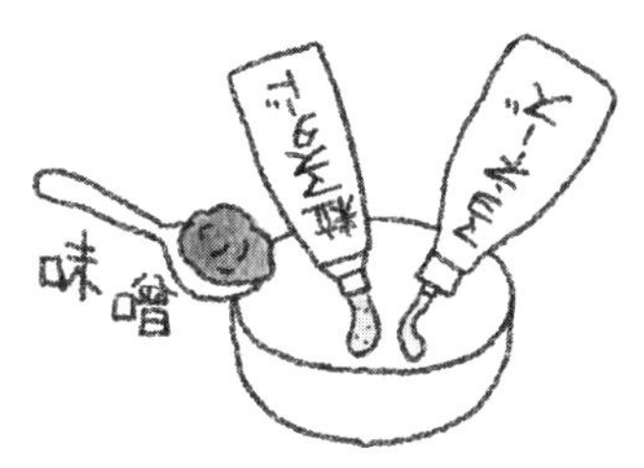

ブロッコリーやさつまいもなどの
蒸し野菜に。

はちみつレモン味噌

材料（つくりやすい分量）
味噌…大さじ1
はらみつ…大さじ1
レモン…1/4個

つくり方

レモンをしぼり、その他の材料をよく混ぜる。

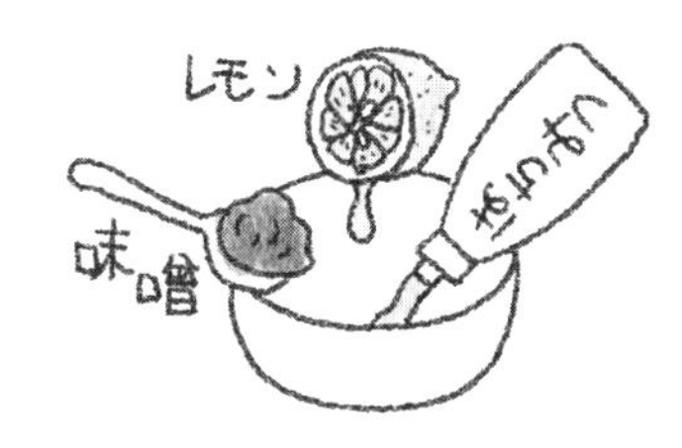

茹でエビときゅうりの和え物などに。

からし味噌

材料（つくりやすい分量）
味噌…大さじ1
みりん…大さじ1
酢…小さじ1
練りからし…小さじ1/2

つくり方

すべての材料をよく混ぜる。

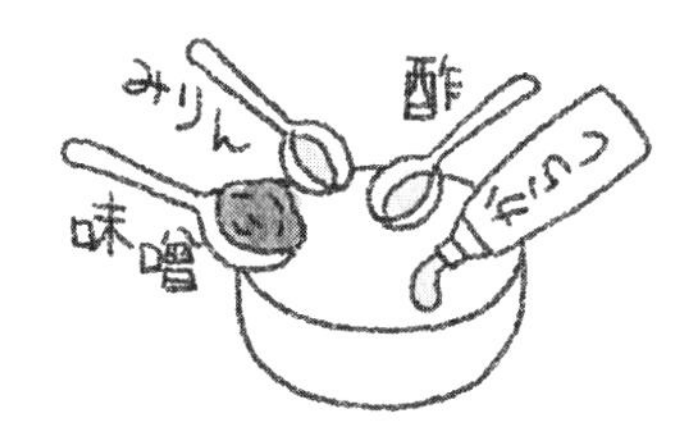

ネギや鶏肉のぬたなどに。

カレー風味のコールスローサラダ

材料（2人分）
キャベツ…1/4個
Ⓐ味噌…大さじ1と1/2
　カレー粉…小さじ1/2
　オリーブオイル…小さじ1
　白いりごま…小さじ1
コーン缶…60g

つくり方
①キャベツは千切りに切る。
②ジッパー付きの袋などにⒶを入れてよく混ぜて①を加え、キャベツがしんなりするまでよくもむ。
③コーン缶の水気をきって②と和える。

味噌とカレー粉はとても相性がいいので、炒め物だけではなく、サラダにも使ってチャレンジしてみてください。

くるみなめ味噌

材料（2人分）
くるみ…50g
味噌…大さじ3
砂糖…大さじ2
みりん…大さじ1
酒…大さじ1

つくり方
①くるみはフライパンなどで軽く炒って粗く刻む。
②くるみ以外の材料を鍋に入れてよく混ぜ、中火にかけてとろりとするまで練り混ぜる。
③鍋を火からおろし、くるみを加えてよく混ぜる。

ごはんにのせたり、野菜にのせたり、お酒といっしょにそのままちびちび舐めたりと、つくっておくといろいろ楽しめます。

プチトマトといかの味噌煮

材料（2～3人分）
プチトマト…1パック
いか…一杯
Ⓐ水…50ml
　味噌…大さじ1
　みりん…小さじ1

つくり方

①プチトマトはへたをとり、お湯にしばらく浸した後、冷水にとり皮を剥く。

②いかは胴から足をわたごと引き抜き、軟骨をとり除く。足とはらわたを切り分け、くちばしをとり除く。足をしごいて吸盤もとり除き、食べやすい大きさに切る。

③いかのわたとⒶを混ぜておく。

④③を鍋に入れて中火にかけ、沸騰したら①と②を加え、いかの色が変わるまで煮る。

いかのわたが加わるので、
コクのある味になります。

まぐろのごま味噌茶漬け

材料（2人分）
まぐろ（刺身用）…100g
Ⓐ味噌…大さじ1
　みりん…小さじ2
　白すりごま…小さじ2
ごはん…茶碗2杯分
ほうじ茶…360ml

つくり方

①まぐろは食べやすい大きさに切り、よく混ぜたⒶをもみこむ（冷蔵庫で一晩漬けておいてもよい）。

②器にごはんを盛って①をのせ、ほうじ茶をかける。

いつもの醤油の漬けもおいしいけれど、ごま味噌もおいしく、身体が温まります。

索引

あ

か

さ

た

な

は

ま

や

ら

欧文

麹料理索引（素材別）

素材別としてありますが，基本のつくり方，たれ，ディップ，食料，菓子の類はそれに準じておりません。

著者紹介

小泉武夫（こいずみたけお）

1943年，福島県の造り酒屋に生まれる。東京農業大学農学部醸造学科卒。農学博士。
現在，東京農業大学名誉教授ほか，鹿児島大学，琉球大学，別府大学，石川県立大学，新潟薬科大学，広島大学の客員教授を務める。専門分野は醸造学，発酵学，食文化論。

画家・料理研究家紹介

おのみさ

1968年，東京生まれ。イラストレーター／麹料理研究家。
味噌づくりをきっかけに麹のおもしろさに目覚め，麹の書籍を発刊。好きなものは麹料理とお酒と音楽と文鳥。
◆ブログ［糀園］http://koujieeen.exblog.jp

NDC 588　199p　21cm

絵（え）でわかるシリーズ

絵（え）でわかる麹（こうじ）のひみつ

2015年 2月25日　第1刷発行
2024年 8月 6日　第5刷発行

著　者　小泉武夫（こいずみたけお）
絵・レシピ　おのみさ
発行者　森田浩章
発行所　株式会社　講談社
〒112-8001　東京都文京区音羽2-12-21
販　売　(03) 5395-4415
業　務　(03) 5395-3615

KODANSHA

編　集　株式会社　講談社サイエンティフィク
代表　堀越俊一
〒162-0825　東京都新宿区神楽坂2-14　ノービィビル
編　集　(03) 3235-3701
印刷所　大日本印刷株式会社
製本所　株式会社国宝社

Printed in Japan

ISBN 978-4-06-154770-4